ChatGPT
實用提示兵法

 人人都能學會的提示工程

自 序

2023年9月，我出版了《解密區塊鏈與NFT》和《輕鬆學！
ChatGPT超級活用術》。之後生成式AI的發展愈加迅速，一
個信念在我腦中不斷盤旋：「懂得如何給提示（Prompt）才
是最有效率使用AI的關鍵。」，所以我開始撰寫這本新書。

自從ChatGPT橫空出世，各種生成式聊天AI如同雨後春筍
般接連出現，使用者數量迅速增加。2023年11月，OpenAI
推出讓每個人都可以創建自己的客製ChatGPT（GPT）。
2024年初，已出現超過三百萬個GPT，涵括教育、商務、
程式、遊戲等領域。GPT的設計也是使用提示。

生成式AI和GPT無處不在，提示是高效使用它們的關鍵。
提示基於自然語言，簡單卻強大。ChatGPT像讀了萬卷書
的老妖，但你需要提示才能與它溝通。

坊間有許多網站和書本收錄了各式提示供查閱和使用。但
我總覺得求人不如求己，有一技在身勝過萬貫家財，學會
方法才能熟練使用並持續創新。因此，我基於一個提示工
程（Prompt Engineering）的技術開始寫這本書，深入探討
產生高效提示的方法，並分享給大家。

提示工程是一項強大的技術，但通常由電腦工程師在實驗室裡進行微調和優化，艱澀難懂。因此，我把提示工程講得簡單易懂，再用常見的例子來說明，讓大家能輕易學會這些技術，並在日常生活中高效使用AI。

提示也就是語言。我們常說「語言是藝術」，但藝術較抽象，難以傳授。所以，我要把提示工程裡面的基本原理分析出來，讓大家有一個基本架構來開始學習。畢卡索也是先學會了基本技巧，然後加上學識素養和創意，成為大師。

所以，提示工程不止是技術，還是藝術，也就是它不止是戰術，也是戰略，像兵法一樣。因此這本書命名為《ChatGPT實用提示兵法》。

本書截稿時，ChatGPT-4o已開放，它具備多模態能力，可以聽說讀寫，還可以讀圖和以文生圖。雖然它的表現突出，但如果缺乏有效提示的基礎，效率仍會大打折扣。在專業應用如醫療診斷和法律諮詢中，精確的提示仍然至關重要。

輝達（NVIDIA）是現今AI硬體的絕對領先者。其CEO黃仁勳於2024年3月說：「生成式人工智慧正在縮小技術鴻溝。你不再需要是工程師也能成功。」他又說：「你只需要成為一名提示工程師。誰能成為提示工程師呢？當我老婆跟我說話時，她就在『提示』我。我們都需要學會如何提示AI，這和學會如何跟夥伴對話沒什麼區別。」

現在，就讓我們開始這趟旅程吧！學習如何與AI交流，解鎖它們的潛力。學會提示兵法，製作GPT，你將成為職場和生活中的AI英雄。

準備好了嗎？讓我們攜手一起，進入AI的奇妙世界。

黃照寰

導 讀

「人人都能學會的提示工程」，是我寫這本書的初衷。

在使用ChatGPT這類生成式AI時，「提示」非常重要。從ChatGPT到未來所有的AI PC、AIoT、3C及電腦周邊產品都會以「提示」來溝通。

「提示工程」就是學習如何設計高效率提示的方法。學習提示工程旨在產生最有效的提示，來最佳地與AI溝通。然而，提示工程對一般人來說並不容易學習。

所以，在這本書裡，我用最簡單的語言將提示工程的精髓說明清楚，並用生活中的例子示範如何使用提示工程來設計最有效率的提示，讓人人都能學會提示工程。

因此，我來重新定義一下，讓「提示工程」更貼合我們的使用。

提示既是藝術，也是技術。好的提示能引導AI產生創新的思考。同時，它也是一門技術，只有通過基本的工程方式教學，才能讓大眾學會設計和操作有效的提示。就像藝術大師們，從基本技巧開始，經過時間的淬煉，結合技巧與創意，創造出驚人的作品。

所以，提示工程不止是技術，還是藝術，也就是它不止是戰術，也是戰略，像兵法一樣。因此這本書命名為《ChatGPT 實用提示兵法》。

沿著提示兵法的概念，這本書的提示工程教學分成五部：

(一) 第I部「基礎」篇，講述閱讀本書所需的AI和大型語言模型的基本知識。對這些已有了解的讀者可以跳過，但建議瀏覽每章小結。

(二) 第II部「原則」篇，說明提示原則（藝術）。提示工程是什麼、生成式聊天機器人的特性、最佳提示的原則及一些非常好用的「指示性提示」。

(三) 第III部「戰術」篇，介紹一些基本有效提示，著重於可以用步驟教學的提示技術，包括框架提示和思維提示。只需套用並根據具體情況調整，便可達到良好效果。

(四) 第IV部「戰略」篇，闡述進階提示（技術和藝術），融合各種技術和創意。討論提示的「戰略」，即我們人類全面思考戰略，制定計劃再讓ChatGPT執行細節。介紹最新的進階提示技術包括思維鏈變化、思維樹、思維骨架、密度鏈。這些技術正在被大公司應用

於大型語言模型的研發和增效上。希望大家了解如何將這些方法應用到日常問題上。

(五) 第V部「實戰」篇，我們已經經歷了提示工程的三階段：「基礎」、「基本」和「進階」。這一部會用實戰例子，示範如何用提示技術解決問題，確保大家能更好地理解提示技術的應用。還會展示如何用提示來製作客製ChatGPT（GPT），在例子裡我還設計了多角色合作來做總結和翻譯。大家可以注意一下這些方法的使用。

我嘗試把提示工程變成一門易學的技術。任何人，無論背景如何，只要讀完這本書，都能學會設計高效率的提示與AI溝通。

提醒：

(一) 這本書裡面提到的「AI」意思是生成式文字類AI，適用於ChatGPT、Copilot、Gemini和Claude等大型語言模型（LLM）。

(二) 提示工程包含許多不同技術。本書所講的提示原則、框架或進階技巧，都是可以單獨或配合使用的，閱讀時也可以自由跳動。

(三) 書中許多示範提示是我用書中的「提示自動生成技巧」，由ChatGPT自動產生，然後由ChatGPT生成答案。由於ChatGPT的預訓練資料包括世界各地的語言，其生成的提示和回答也不僅限於繁體中文，特此說明。

目次

PART
I

基礎篇

這一部主要是說明大型語言模型和生成式AI
的一些基本知識，為後面的學習打下基礎。

如果你覺得你對這些已經有了足夠的了解，
也可以跳過這一部。不過建議你花幾分鐘
瀏覽每章後面的小結，然後就可以去看第II
部了。

01
CHAPTER

生成式聊天機器人
目前發展概述

》生成式AI元年

ChatGPT橫空出世，同類產品紛紛出現

在過去的一年裡，OpenAI公司以其革命性的生成式AI技術ChatGPT引領了一場科技旋風，2023年也因此成為了AI元年。

短短一年，OpenAI持續在技術上突破，在江湖上掀起了腥風血雨，各大科技門派紛紛加入這個擂台，推出自己的選手。

讓我們來回顧一下這段令人驚奇的旅程。

1 旋風的開端

OpenAI開發的生成式聊天機器人ChatGPT於2022年11月30日推出，迅速成為行業標竿。它以獨特的大型語言模型和深度學習技術，讓人、機可以用多種自然語言互動，在5天內就迅速吸引了100萬名用戶。在短短兩個月內，用戶數就突破一億。

微軟在ChatGPT推出之前就投資了超過100億美元，取得OpenAI將近一半的股份。

2 創新的里程碑

一開始推出的ChatGPT是基於GPT-3.5的模型，GPT是一個大型語言模型，這之後我們會說明。簡單的說，GPT就是ChatGPT背後的引擎。

》GPT-4

OpenAI推出了GPT-4，這是一項重要的升級，大幅提升了自然語言的處理能力，能夠更精準地理解和回應用戶的查詢。

GPT-4能力進步的程度可以由它的神經網路裡參數的數目看出來。之前最大的GPT-3.5裡面有1,750億個參數，GPT-4則多了十倍，達到17,600億個參數。

》DALL-E 3

OpenAI推出了DALL-E 3，這是文字轉圖像AI產生器的最新版本，加上公司原本就有的語音轉文字工具Whisper，OpenAI在多模態生成式AI（在文字、語音與圖像之間隨意轉換）上邁出了一大步。所以ChatGPT開始可以聽語言、看東西，然後把回答寫給你看、說給你聽或者畫圖給你。

》客製ChatGPT（GPTs）和GPT Store

2023 11月6日

OpenAI舉行了第一次開發者大會（OpenAI's first Developer Conference），在會中OpenAI宣佈了幾項技術升級，但是最重要的是OpenAI宣佈了客製ChatGPT（GPTs）和GPT Store。這兩項的重要性會在後面詳細說明。

OpenAI的這些技術突破不僅吸引了全球的用戶，也引起全球科技龍頭們的AI軍備競賽，催生了許多類似的產品。

3 類似產品湧現

》聊天機器人Bard

2023 3月

Google正式加入AI大戰，推出聊天機器人Bard。

Google之前併購了圍棋AI的先鋒Deepmind，而ChatGPT裡面的「T」是「Transformer」的縮寫，它是一個神經網路架構（Architect），是ChatGPT最重要的成分。Transformer架構於2017年由Google大腦（Google Brain）的一個團隊推出。所以Google是很有AI底蘊的。

》Bing AI Copilot（助理）

微軟推出整合OpenAI技術的Bing AI Copilot（助理），可以在搜尋引擎上使用，帶來全新的網路搜尋體驗。

》Claude-2

Anthropic推出Claude-2，是ChatGPT最大的勁敵。Anthropic是和OpenAI的安全理念不同而出走的團隊，還獲得Google和亞馬遜（Amazon）的投資。

》聊天機器人Meta AI

臉書（Facebook）不落人後地發表了聊天機器人Meta AI，將整合在WhatsApp、IG（Instagram）及Facebook Messenger中，以文字、語音和用戶互動，執行用戶的提示。

》Amazon生成式AI

亞馬遜也不缺席，在它的經銷商大會「Accelerate 2023」上推出生成式AI，幫賣家編寫產品描述，並幫買家找到想買的東西。基本上就是一個文案助理加上網上導購的AI。

》AI全面託管服務 & AI程式設計助手

亞馬遜宣布其雲端運算服務（Amazon Web Services, AWS）的AI全面託管服務（Amazon Bedrock）及AI程式設計助手Amazon CodeWhisperer，能在編程時提供即時建議，幫助你快速且安全地寫出程式代碼。

》Claude-2.1

Anthropic再推出Claude-2.1，其特點是能接受約15萬字的文案，長的文章就不必再分段輸入了。

》「不打官腔」的聊天機器人Grok

馬斯克的xAI公司推出「不打官腔」的聊天機器人Grok。能回答其他多數AI系統拒絕回應的敏感問題。

》Gemini

Google把Bard改名為Gemini，號稱功能比ChatGPT-4還強，目前大家還在評估它的表現。

是不是看的眼花繚亂？科技巨頭們看到這個前所未見的巨大市場，紛紛找切入點跳進來，於是有了上述五花八門的產品。

另外，還有許多新創公司也推出了生成式AI產品及類似的工具，這些產品都在某種程度上模仿了ChatGPT的功能，展現生成式AI技術在多個領域的應用潛力，只是這些產品較鮮為人知。

ChatGPT和其他生成式AI產品的出現促進了AI在教育、創意、寫作及客服等領域的應用研究，同時也引發了對AI倫理、隱私保護和技術發展方面的熱烈討論。

它們的出現預示著一個更智慧化、更自然的人機互動未來，是「人類與AI機器人」以自然語言溝通的新紀元。

而這個溝通時使用的自然語言有個專有名字——叫做「提示」（Prompt）。

≫「提示」和「提示工程」

「提示」在我們與生成式AI的交流過程中，扮演著關鍵的角色。「提示」是Prompt的翻譯，另外常見的翻譯還包括「指令」或是「咒語」。

提示是我們與AI對話時所使用的語言。透過精心構思的提示，我們可以引導AI產生更精確、更有效的回應。提示就像是魔法咒語，唸一唸，AI就能變出你要的東西。

隨著AI技術的發展，我們越來越依賴它們來解決問題、創造內容或提供建議。在這個過程中，有效的提示成了獲取我們所要信息的關鍵。

這本書的目標，就是教大家如何「設計有效提示」來跟AI溝通，得到最符合要求的結果。

提示本身就是語言，我們常說「語言的藝術」，所以提示是一門藝術。更多人把它當做一門學科，國外盛行「提示工程」（Prompt Engineering），作為一門學科，更容易讓大家學習。

學會如何「設計有效提示」這個技能不僅可以用在ChatGPT上，還可以用在所有的生成式AI機器人如ChatGPT、Copilot、Gemini和Claude等的溝通上。

在2023年底還發生了一件大事，這個「設計有效提示」的用途再被放大，這件事就是OpenAI推出「客製GPT」。

》 客製GPT——下一個大趨勢

2023年11月6號，OpenAI舉行了第一屆開發者大會，或稱為OpenAI DevDay。雖然是第一屆，還是吸引了近千名開發商參加。

這些開發商在過去的半年裡，獨立研發了許多客製機器人。他們提供用戶介面，讓使用者提問特殊領域的問題，然後他們轉問ChatGPT，獲取答案後，再轉發給使用者。

這些客製機器人在市面上吸引了許多關注和用戶，但是開發者們不知道的是，這次OpenAI有個大驚喜（其實是驚嚇）等著他們。

在大會上，OpenAI的CEO奧特曼（Altman）宣佈了OpenAI讓用戶可以直接客製機器人，這個計劃叫做GPTs。

任何ChatGPT的付費用戶都可以在OpenAI官網上，以OpenAI提供的工具，自助的（DIY）做出自己熟悉領域的機器人，整個過程只需要幾分鐘，而且連名字和Logo都可以當場幫你設計出來。

我就上OpenAI官網製作了一個專門講笑話的機器人，包括協助我取名字、幫我設計Logo，從頭到尾總共花了5分鐘。

事實就是，OpenAI釜底抽薪地將一些開發者的商業模式徹底摧毀。

在利益面前，鮮少有公司能抵抗它的誘惑。

在GPTs之下，客戶製作的機器人叫做GPT。因為這個名字跟ChatGPT背後的大型語言模型GPT相同，非常使人困擾，在這本書裡我會稱它為「客製GPT」。

OpenAI還加碼，要在2023年底建立GPT Store。屆時，任何ChatGPT的付費客戶都可以在上面展示自己的GPT。如果GPT被其他用戶使用的話，產生的收入還可以跟OpenAI分潤。活脫脫是一個GPT YouTube模式。

這次推出的產品有多轟動，看幾件事情就知道了。大會後的隔天早上6點左右，ChatGPT伺服器就大當機。隨後，OpenAI接連發佈「伺服器中斷」的訊息。

開什麼玩笑？！OpenAI在還不滿一年的時間裡，迅速累積了1億多名註冊會員，其中付費的訂閱用戶超過20萬人，這中間也不曾當機。宣佈GPTs和GPT Store的消息竟然發生當機！由此可見這些新服務受歡迎的程度。

2023年11月15日，開發者大會之後僅僅一個星期，因為需求量太大，付費的ChatGPT Plus宣布暫停接收新用戶，有意者只能登記等待名單，隔了兩個禮拜才又重新開放。

從另外一個角度也可以看出GPTs受歡迎的程度，在開發者大會的兩週之後，市面上已經有超過兩萬個客製GPT。到了2024年初，這個數字已經超過3百萬！

我仔細看了這些GPT，還真是五花八門、無所不包，從簡單的文本生成，到替你角色扮演、複雜的決策支援系統等等。客製GPT展現出令人驚嘆的多樣性。它們可以根據特定行業或個人偏好，提供更精準、更有價值的內容和服務。

縱使這些客製GPT還不能在官網上展示和收費，玩家還是樂此不疲。

ChatGPT開啟了一個大趨勢，我們不再只是單純使用通用的ChatGPT。現在我們能夠創建用於特定環境和需求的客製GPT。這意味著從企業到個人，每個人都能擁有一個「量身訂做」的ChatGPT助手。

如果你設計的「量身訂做」的功能是大多數人也常常會使用到的，符合市場需求，那麼你成為「網紅」獲利的日子也觸手可及了。

你上OpenAI官網DIY GPT的時候，你需要使用一個OpenAI提供的工具「GPT製作機器人」來製作你的GPT。它會幫你取名字、設計Logo，並且幫你打造出客製機器人的功能。

要怎麼使用這個「GPT製作機器人」呢？沒錯！就是用「提示」，跟它溝通你想要的設計。

GPTs的興起更加突顯了有效提示技巧的重要性。只有通過精確的提示，才能讓這些高度專業化的客製工具最大化地發揮它的能力。

從ChatGPT這樣的生成式聊天機器人，到客製GPT，「提示」是跟它們溝通的工具，所以「設計有效提示」是現在我們必學的技能。

以後，我們必修的第二外語可能不再是「英語」，而是……「咒語（提示）」！

≫ 未來與所有機器的溝通方式

現在讓我們把眼光放遠一點，隨著科技的進步，AI開始與物聯網（Internet of Things, IoT）結合，成為「人工智慧物聯網」（Artificial Intelligence of Things, AIoT）。

想像一下，在不久的將來，我們日常生活的任何3C設備都可以有AI的能力，而我們將用自然語言與所有的數位設備交流。無論是智慧手機、電腦，甚至是智慧家居系統，都將透過自然語言來接收提示和回應。

通常大家都要研究一下才能學會如何操作電視音響的遙控器，開箱3C產品前也要先研讀說明書。未來，AI將使得技術操作更為直觀和易於掌握。毋須複雜的程式碼或專業知識，人們可以直接用自己的話與AI溝通，從而大大提升效率和可及性。

其實這已經悄悄地發生了。你看過最近的自動駕駛汽車嗎？駕駛座前面的面板清清爽爽，都是用聲音（語言）在控制。

以語言為基礎的互動方式會讓我們的生活更加豐富。從簡單的日常任務到複雜的工作流程，我們能夠更自然地與AI合作，創造更高的生活品質。

之前我說過，不遠的將來會是「人類與AI機器人」以自然語言溝通方式的新紀元。

這裡我更精確地把「人類與AI機器人」改成「人類與機器」。因為很快地，我們與任何機器，包括電腦，都會以自然語言，或者「提示」（Prompt）來溝通。

在AI的世界裡，語言不僅是溝通的橋樑，更是未來互動的核心。隨著技術的發展，我們即將進入一個以語言為基礎的全新時代。

這就是我寫這本書的目的：經由提示工程（Prompt Engineering）學到如何設計最有效的提示，讓所有的機器（電腦、手機、平板及3C產品等）都能發揮最大、最好的效能。

再強調一次，「提示」非常重要，是未來人類和機器溝通的主要方式。

在這個以自然語言為基礎的新時代，掌握「提示工程」成為一種核心技能。這不僅是專業人士的必備技巧，也是普羅大眾融入這個AI時代的基本能力。

2023年，我們驚豔於ChatGPT；2024年我們將落實生成式AI。

用什麼落實？提示工程。

現在，就讓我們一起踏上這個前景無限的學習之旅吧！

小 結

❖ ChatGPT於2023年11月橫空出世，開啟生成式AI元年。一年之間科技巨頭們全部湧入，生成式AI產品紛紛湧現（Bing、Bard、Claude-2.1、Meta AI、Accelerate 2023、Gemini等）。

❖「提示」（Prompt）是我們與生成式AI溝通的方式。「提示工程」是學習「提示」的方法。

❖ 客製GPTs是生成式AI的未來趨勢，「提示」也是製作GPTs的方法。

❖ 將來我們與任何機器（包括電腦）都會以自然語言，也就是「提示」來溝通。

❖ 名詞解釋：

(1) GPT是一個大型語言模型（LLM）；ChatGPT是在GPT上建造的聊天機器人。

(2) 2023年11月，OpenAI宣佈可以在官網上自己製作客製機器人，叫做GPT。這個名字跟大型語言模型GPT容易弄混，這本書裡我稱它為「客製GPT」。

(3) GPTs是「客製GPT」的總稱。

02
CHAPTER

AI簡介與近代
的轉折點

人工智慧（Artificial Intelligence, AI），就是能讓機器模仿人類智慧的技術。從自動駕駛汽車到智慧客服，AI正在改變我們的生活方式。

其實AI的發展歷史已經有70年了，但直到1940年以後，才成為一門正式的科學研究。這個轉變主要是由1940年代和1950年代的一些科學家、數學家和哲學家共同發展而來的。

其中最關鍵的人物就是艾倫‧圖靈（Allen Turing）。1950年，他發表了一篇劃時代的論文，提出了「圖靈測試」，用來判斷機器是否能夠展現出類似人類的智慧。

圖靈的理論對人工智慧的發展有著深遠的影響，是AI領域不可忽視的先驅。

我在研究所和工作上都曾經研究過圖像辨識、神經網路和專家系統，當時的電腦算力實在有限，很難想像AI有一天能在日常生活中實現。

不過，隨著晶片容積和速度的飛快進步，包括適合神經網路計算的GPU（Graphic Processing Unit）發展，讓今日AI的應用成為現實。

AI的歷史太長，充滿了各種研究方法和模型，我們可以把AI想成一系列的工具，這裡我只介紹跟目前AI進展最有關的三個工具：監督式學習（Supervised Learning）、非監督式學習（Unsupervised Learning）和生成式AI（Generative AI）。

這三個工具被大量使用，他們不是互相傳承的關係，可以單獨或混合使用。

》監督式學習、非監督式學習和生成式AI簡介

1 監督式學習－機器在指導下成長

如果學生從未見過蘋果和橘子，你要如何教他分辨蘋果和橘子？

你會給他看很多蘋果和橘子的圖片，同時告訴他哪個是蘋果，哪個是橘子。這就是監督式學習——把物品加上明確的標籤（例如，這是蘋果，那是橘子），AI就用東西的特徵和它的標籤學會辨識東西。

AI會自己抓取圖片裡的特徵來辨別蘋果和橘子，即使日後給它看壓扁的蘋果（注意不要扁的連人都看不出來那種），它也可以成功的識別出來。

例如，垃圾郵件過濾器用許多標記著「垃圾」或「非垃圾」的郵件來學習辨認垃圾郵件。AI也能標記使用者點選過哪種類型的廣告，這樣的技術讓Google每年有數億新台幣的廣告業務。

在ChatGPT出現之前，監督式學習已經被大量使用在我們的日常生活中，只是我們很多人未曾察覺。

2 非監督式學習 —— 機器自由的探索

監督式學習就像老師在課堂指導，非監督式學習則像放手讓AI這個孩子自己探索。AI要自行在數據中發現東西的模式和關聯性。

AI就像一個不喜歡聽課的學生，他喜歡自己摸索和發現事物。沒有老師跟他說對或錯，他只能自己找出東西間的關聯性和模式。

把一堆雜亂的玩具丟給這個AI學生，他會自己找出玩具間的關係然後分類。例如，它會把大的和小的玩具分開，或者把跟其他玩具不同種類的玩具放在一旁，比如說有瑕疵的玩具。

在應用上它可以偵測瑕疵產品，或者將網購的客戶分成不同的類型，以區辨他們的購買行為。

3 生成式AI ── 創造新的內容

十多年前科學家開始發現，即使投入大量資料到小型的AI
模型裡面，也無法大幅提升效能。大家開始建立大型AI模
型，它們擁有千百億個參數，科學家發現只要持續輸入資
料，這種大型模型就會持續進步。

大型語言模型（LLM）是大型AI的一種，叫做語言模型是
因為它只專注研究自然語言。LLM學習大量文本，能與人
類以自然語言交流，不僅能生成流暢的語言，還能創作詩
歌，甚至寫程式碼。這類模型展現了AI在語言藝術上的無
窮潛力。

大型語言模型可以稱之為是AI的語言藝術家。也是ChatGPT
等聊天機器人的背後引擎，我會在下一章詳細介紹LLM。

》 近代**AI**的轉折點

AI在近70年的時間裡百家爭鳴，為什麼最近生成式AI如
ChatGPT成為科技趨勢主流，甚至可能成為人類命運的轉
折點呢？

原因當然是因為新創資本的全面投入。我認為吸引資本
進入的事件是AI圍棋與人類世界冠軍的歷史性對決──
AlphaGo對戰李世乭（Li Se Dol）。

1 Alphago對決全球棋王

圍棋機器人AlphaGo在2015年10月，以5比0擊敗了歐洲圍棋冠軍樊麾，然後2016年3月與全球棋王李世乭在韓國首爾進行五局對決。

AlphaGo是由DeepMind公司的Demis Hassabis和David Silver領導開發的，他們兩人都是電腦神經科學專家和圍棋愛好者。

首局，AlphaGo擊敗了李世乭，這個結果在圍棋界裡引發了關注，但是第二局比賽才真正讓全球震驚。

第二局的第37手是一個簡單的肩沖，在專業棋手中前所未見。當時擔任講解的專業評論員看到下出來後驚呼：「這是什麼？下錯了吧？」

面對AlphaGo這一手棋步，李世乭沉思了15分鐘，顯示出這一手棋的創新性和戰略深度。這一手後來被冠以「AlphaGo流」之名，成為圍棋戰術中的一個新經典。

第二天一早，David Silver躡手躡腳地進入控制室，好奇AlphaGo是如何下出那驚人的第37手。AlphaGo在每一步棋中都會計算出人類棋手選擇該步的機率。令人驚訝的是，第37手被專業棋手選擇的機率僅為萬分之一。

所以AlphaGo明知道這步棋不會是專業棋手的常規選擇，但是憑藉它與自己對弈的數百萬次經驗，它作出了精準的判斷。David Silver表示：「這是它通過自我反思作出的決策」。

這第37步棋的意義不僅在於它的創新性，更在於它所展現的戰略深度和遠見。它證明了一種通常認為只有人類圍棋大師才具備的直覺和創造力。AlphaGo的這一步棋是它學習歷程的結晶，展現了它在創新能力上已經超越了常規的人類智慧。

李世乭雖然繼續堅持比賽，然而，AlphaGo非凡的戰略最終導致他以4比1敗北。這第37步棋成了這場比賽的關鍵轉折點，也是人工智慧大躍進的歷史性一刻。

AlphaGo的訓練方式就是監督式學習加上深度學習和強化學習。當時訓練它的是臺灣出身的黃士傑，他是國立臺灣師範大學資訊工程研究所博士，同時也是圍棋6段的棋士。加入DeepMind後，他專門負責Alphago的監督式訓練。大家尊稱他是「AI背後的男人」。

黃博士自己說，開發AlphaGo讓他想起讀博班的日子：不斷熬夜寫代碼、找bug，每天做測試，讓Alphago的程式進步。

2016年1月，黃博士將AlphaGo的成果發表於《自然》雜誌，題目名為「Mastering the Game of Go with Deep Neural Networks and Tree Search」，黃士傑是該篇論文的第一作者。

《自然》雜誌有多「牛」？在中國，一篇登上這本雜誌的文章，足以讓一個學者取得任何大學的教職，兩篇就可以直接升為教授。

2 AlphaGo Zero的發展

DeepMind在AlphaGo打敗了人類圍棋大師之後，立刻著手讓AI變得更強大。他們不是增加AlphaGo的運算能力，而是重新打造一個全新且更強的版本：AlphaGo Zero。

這次，他們決定讓AlphaGo Zero自行探索。只對AlphaGo Zero說：「這是圍棋的基本規則，剩下的你自己搞定！」這種自主學習的方式使AlphaGo Zero得以探索出人類棋手未曾思考過的全新戰術。

AlphaGo Zero所採用的學習方法正是前面提到的非監督式學習。AlphaGo Zero從一名徹底的圍棋新手開始，只憑著基本規則自我對弈，不斷的學習進步。

令人嘆為觀止的是，AlphaGo Zero只用了三天就擊敗了去年打敗李世乭的AlphaGo版本，以壓倒性的100：0取得勝利。

經過21天的自我對弈和進化，AlphaGo Zero的實力更上一層樓，超越了擊敗世界冠軍柯潔的AlphaGo Master，成為迄今最強大的版本，堪稱史上最強的「圍棋棋手」。

在這21天裡，AlphaGo Zero進行了數百萬局的自我對弈。它不僅學會了圍棋，還創造出了全新的戰術和棋型，這在人類圍棋史上是空前絕後的。這就好比一個孩子在短短三周內不只學會了下棋，還發明了嶄新的玩法，並且打敗了世界冠軍！

從AlphaGo Zero以後，人類再沒有贏過AI圍棋機器人。

≫ 資金大舉進入AI新創公司

講到AlphaGo和AlphaGo Zero，這不單單是AI在圍棋上達到了新的高度，更是AI自學和創新能力的最佳展現。資本家們開始意識到：當AI不再只是跟在人類後面學習，而是開始自己探索和學習，就會出現令人驚歎的成果。

於是，資本開始大舉進入AI新創公司。當時我個人對AI也是相當看好，但這裡的投資不是小兒科，起碼也得上億美金。所以也就是想想而已。

在2019年疫情爆發前，我有幸參加了一個創投訪問團，走訪了矽谷的7家創投公司。其中4家美國公司都在深度學習

和自動駕駛上做了投資。而臺灣工程師創立的3家風險投資，則更多地投資在硬體上，這也與現在AI領域的格局相吻合。

因為矽谷的人才充沛，這些AI新創公司大多集中在美國加州鄰近矽谷的舊金山市。

據統計，全球AI新創公司籌集的資金中，有超過3/4是投入舊金山的公司。此外全球13大生成式AI獨角獸，有6家AI獨角獸公司也位於此。獨角獸公司就是估值在10億美元以上的未上市公司。在往年，一年有一間這樣的公司（如Google）要上市就很了不起了，現在AI獨角獸公司一抓一把，像提粽子一樣，真是百年難見。

這些獨角獸中，以OpenAI擁有860億美元的估值高居榜首，Anthropic的估值為184億美元，再來是估值12億美元的Replit。這是我寫書時的估值，但這些數字的變動很快，等各位讀者拿到書的時候，數字又會不同了。

在舊金山的海斯谷（Hayes Valley）地區，因為AI新創公司都匯聚於此，又被暱稱為「腦谷」（Cerebral Valley）。

這個區域也是科技巨頭的競技場。微軟投資了OpenAI，Google和亞馬遜則投資了其最大競爭對手Anthropic，Google還宣布與Replit合作。

最終，這片區域因為創投的熱錢、全球最聰明的頭腦、以及科技巨頭的支持，成為了可以與「矽谷」並駕齊驅的「腦谷」。

小結

❖ AI的常見的工具有監督式學習、非監督式學習和生成式AI，ChatGPT類的聊天機器人屬於生成式AI。

❖ 近代AI發展的轉折點，是AI圍棋與人類世界冠軍的歷史性對決——AlphaGo對戰李世乭。

❖ 對戰第二局的第37手棋是AlphaGo學習過程的產物，展現了其超越人類常規智慧的創新能力。

❖ AlphaGo Zero是完全自我學習的圍棋機器人，AlphaGo Zero以後，人類就沒有贏過AI圍棋機器人。

❖ 資本開始大量進入AI新創公司，大部分落腳在美國加州的舊金山市。

❖ 由於AI公司的聚集，舊金山的海斯谷（Hayes Valley）被稱為是「腦谷」（Cerebral Valley），堪比「矽谷」。

❖ 這地區也成為大型科技公司如微軟、Google和亞馬遜在AI領域的競爭擂台。

03
CHAPTER

大型語言模型（LLM）
原理介紹

在開始研究「提示工程」之前，我們得先認識一下大型語言模型（Large Language Model, LLM）。因為「提示」使用的對象如ChatGPT這些AI聊天機器人，他們都是屬於LLM的應用。

AI的歷史超過70年，這中間發展出許多不同的方法，例如影像辨識、專家系統等等。

其中一個方法，就是大型語言模型，它的專長是自然語言處理（Natural Language Processing, NLP），專門聚焦於文本的生成和理解。簡單的說，它就是一種超級聰明的電腦程式，特別擅長處理語言相關的事情，而且能夠直接和人類以自然語言交流。

現在LLM變成了一個廣義的術語，指的是訓練有素的語言模型，具有大量參數和強大的生成及理解自然語言的能力，如文本生成、翻譯、摘要和問答系統。

各家公司及研究機構有許多種LLM，裡面比較有名的是基於一個叫做轉換架構（Transformer Architecture）的兩個模型：OpenAI的GPT（Generative Pre-trained Transformer），和Google的BERT（Bidirectional Encoder Representations from Transformers）。

雖然LLM是個通稱，這本書裡面它和GPT或BERT基本上代表著同一個東西。

≫ LLM的結構

各家的LLM都在做兩件事：建立模型和資料訓練。

1 建立模型

隨著AI的發展，大型語言模型有了很多類型，這本書的重點是提示工程，我們就只簡單介紹基本LLM的功能和如何實現它。

這些LLM模型基本上都有一個核心的東西叫做神經網路架構（Neural Network Architecture），加上一些儲存裝置和運行程式。

神經網路架構：

因為人腦擁有神經元的結構，所以人類有強大的學習和自我調整能力，這個結構啟發了人工智慧領域中的神經網路架構。這種架構雖然是受到人腦神經元結構的啟發，但其實踐方式更偏重於數學模型和算法。

人腦中的每個神經元都是一個複雜的細胞，能夠接收、處理和傳遞訊息。神經元受到刺激時會產生電氣信號，信號通過軸突傳遞至軸突終端，影響下一個神經元的樹突，從而調節該神經元的活動。

下圖I.01的上半部顯示了人腦神經網路的示意圖，顯示著神經元裡的信息經由軸突和軸突終端，被傳遞到下面的多個神經元。

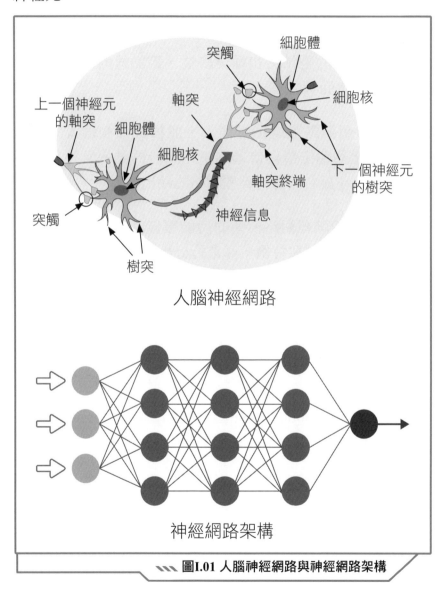

人腦神經網路

神經網路架構

▶▶▶ 圖I.01 人腦神經網路與神經網路架構

圖片下半部是LLM神經網路架構的實現。圓的是節點，模擬的是神經元，這些節點是用數學函數算出來的，模擬人腦神經元的一些基本功能，如接收輸入進行某種計算，以及產生輸出傳遞給下一層的節點。

線和箭頭代表的是軸突和軸突終端。節點裡的訊息被線和箭頭傳遞到下面4個節點。

最左邊的3個節點可以接受輸入，並根據這些輸入計算出輸出值。這些輸出值再傳遞到下一階段的神經元裡進行計算，最終，在最右邊得到神經網路的輸出結果。

這個LLM裡的神經網路模型的功能類似於人腦，能夠從大量數據中學習和提取特徵，並進行分析及歸納。

這個神經網路架構也可以由不同的硬體和複雜的演算法構成，現在最流行的架構叫做「轉換架構」（Transformer Architecture），簡稱為Transformer，是由Google的工程師在2017年發展出的創新架構。

OpenAI的GPT和Google的BERT都使用了Transformer架構，所以GPT和BERT名字的最後一個T都是指「Transformer」。

Transformer內部建有注意力機制（Attention Mechanism）來提高處理語言任務的效率和準確度，使我們能夠創建強大的「大型語言模型」。

2 資料訓練

LLM（即GPT和BERT）裡面的Transformer架構擅長處理和理解人類語言，從閱讀過的書籍、網站、文章中學習語言的模式。它的「注意力機制」讓它能夠專注於文本中最重要的部分，就像我們閱讀時會特別注意關鍵字詞一樣。

有了LLM模型以後，下一步就是要訓練這個模型。模型通過閱讀大量的文本資料來學習語言的結構和語義。LLM的訓練材料包括大量文本、維基百科（Wikipedia）的內容、新聞文章、網路日誌、社交媒體的訊息、電子郵件等。

而訓練的數據量更是驚人，有報導指出GPT-3模型的預訓練數據量約45TB，ChatGPT-3.5又比45TB大。用我們懂的東西來說明：45TB約莫等於30萬套哈利波特小說全集。所以LLM受訓的資料包含了人類幾千年來所累積的大部分知識。

為了縮短訓練時間，訓練資料在送入LLM之前是經過有損壓縮（Lossy Compression）的，壓縮了100倍，所以有些資料會有損失，加上模型會學習文本中的模式，導致它在沒有明確數據支持時會自己「填充」（腦補）信息，這些都可能是ChatGPT這類LLM有時候會「幻想」（創造性回答）的原因。

LLM剛開始的時候是一張白紙，所有的參數都是零，就像嬰兒剛出生的時候那樣，腦子裡沒有任何知識。隨著資料不停的輸入，神經網路開始學習和適應，不斷地調整這些參數的數值。

根據報導，GPT-4有17600億個參數，這些參數實際上是神經網路內部的調節旋鈕，它們決定了網路如何從輸入資料中學習和做出預測；就像在數學方程式中調整x和y的係數一樣，參數是神經網路找到最佳的問題解答方式。

參數越多，神經網路就越強。

訓練告一段落後，這些參數穩定下來被儲存在參數檔裡面，就可以開始使用這個LLM了。

以大量資料訓練過的LLM成為了掌握語言的魔術師，可以開始回答問題、翻譯語言、總結文本甚至創作故事。能夠寫詩、編故事，甚至幫你寫程式碼！它們是透過學習龐大的文本庫來理解和生成語言的，就像一個閱讀過無數書籍的學者。

隨著時間和更多數據的累積，它的能力還會不斷提升。

最後完成的大型語言模型顯示在圖I.02中。

圖內除了Transformer架構外，還顯示了兩個檔案，右邊下面的是參數檔（Parameter File），儲存預訓練後所有的參數。

右邊上面的是運行程式（Run Code），它像電腦裡的管家OS（Operating System），負責整個模型的運行。

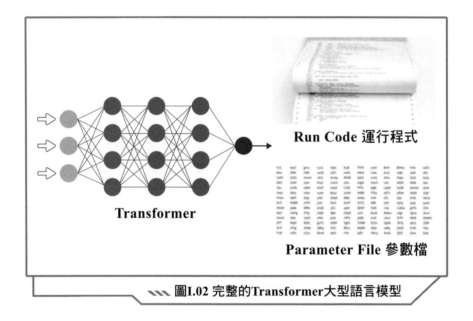

Run Code 運行程式

Transformer

Parameter File 參數檔

\\\ 圖I.02 完整的Transformer大型語言模型

》 ChatGPT如何生成回應

了解了LLM以後，我們就先聚焦在GPT這個LLM上面，因為OpenAI公司在GPT上面搭建了一個最有名的應用——聊天機器人ChatGPT。

我們來簡單說明ChatGPT是如何生成回應的。

簡單來說，ChatGPT就是接受一串文字輸入，然後轉換成它自己生成的一串文字輸出。

ChatGPT怎麼把輸入的文字轉換成輸出文字呢？說簡單點，就是「文字接龍」。

如果問你，「貓喜歡吃＿＿」，後面接一個字，這時候一般人的答案會是什麼呢？

這就是ChatGPT接龍的方式。

如圖I.03所示，第一步，它先看這個字串的4個字「貓喜歡吃」，然後在它的大腦裡找哪一個字接在這4個字後面的次數最多（也稱做發生的機率）。找出來的字是「魚」，現在新的字串就變成了「貓喜歡吃魚」。

這個大腦就是前面說的參數檔，大腦裡的東西也常被叫做「語料庫」（Text Corpus）。

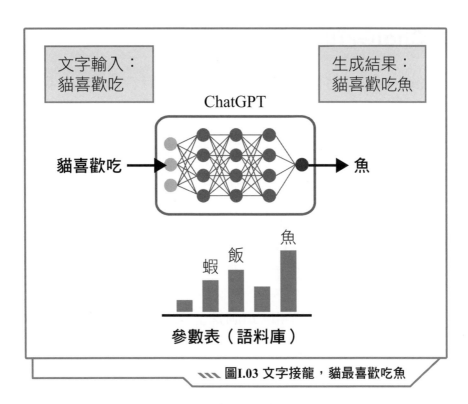

文字輸入：
貓喜歡吃

生成結果：
貓喜歡吃魚

ChatGPT

貓喜歡吃 → 魚

蝦 飯 魚

參數表（語料庫）

▰▰▰ 圖I.03 文字接龍，貓最喜歡吃魚

在這個例子裡，ChatGPT是看4個字來接1個字，也可以看後面5個字或6個字來接1個字，以此類推。

會接上什麼字，就看語料庫裡有什麼東西。

不同的訓練資料會得到不同的「語料庫」，每個大公司都有不同的模型。我們也可以設計出醫療模型、法律模型、數學模型等。

換一個模型，得到的結果說不定是：貓喜歡吃「蝦」。

所以簡單來說，ChatGPT的生成方式就是「看機率，來接龍」。

≫ ChatGPT的名字

ChatGPT後面的3個字母是GPT，我們來看看它告訴了我們什麼。

GPT這個名字應該沒用上什麼靈感，直接就是把它的來源和功能全擺上來，唯一的優點就是「名正言順」。

GPT是Generative、Pre-Trained、Transformer三個字的縮寫，直接翻譯——ChatGPT就是「生成式預訓練轉換模型」，直接表明了它的技術和功能。

技術就是「轉換模型」和「預訓練」；功能就是「生成式」。下面一一介紹。

1 T是Transformer（轉換架構）

Transformer在電力裡面是變壓器，在電影裡面是變形金剛，反正就是一個「轉變」的意思。ChatGPT裡面的神經網路是Transformer架構。

2 P是Pre-train（預訓練）

模型已經「預先」被大量的資料「訓練」，然後才跟你互動。

就像預告我們要考英文，我們就先去背英文單字、看英文文章一樣。能回答問題是因為我們背了一些單字，看了一些文章。

模型裡面剛開始的時候裡面是空空的，什麼都沒有，所以要先訓練，有了基本的東西，才能以這些東西為基礎，生成新東西。

3 G是Generative（生成性）

意思是它能根據你的話來「生成」回應，並回答你。

在GPT之前的AI，多半是做觀察、分析和圖像識別。比如說你要機器人給你一匹馬的圖形，電腦就分析大量的圖像，從一堆圖像中找出與馬的特徵相匹配的圖形給你。

而生成式AI，不再從資料庫裡找馬的圖像了，而是根據你的要求，依據它的「演算法」，自行「生成」新的馬的圖像。

同樣的，你跟ChatGPT聊天說話，它就依據你的話，生成一些話來回答你，這個回答是當下即時生成的，而不是在它的資料庫裡面找句子來回答你。

所以我們為GPT正式定名：

GPT就是一個能「生成」自然語言，被「預訓練」過，裡面使用了「Transformer」的一個大型語言模型。

它的功能是Chat（聊天），然後由聊天，延伸出讓人不敢置信的一些更厲害的功能，我們後面會詳談。

小結

- ❖ 大型語言模型（LLM），包括OpenAI的GPT和Google的BERT，是ChatGPT這類生成式聊天機器人後面的龐大引擎。

- ❖ LLM裡面有神經網路架構，另外還需要參數檔（Parameter File）和運行程式（Run Code）。

- ❖ LLM剛開始的時候所有的參數都是零，隨著資料的訓練，神經網路學習、適應和調整這些參數數值。訓練完後，參數被儲存在參數檔裡面，LLM就可以開始使用了。

- ❖ ChatGPT生成回應的方式就好像「文字接龍」。

- ❖ GPT的意思就是「生成式+預訓練+Transformer」。

- ❖ 整理一下：大型語言模型LLM專門處理語言，最流行的LLM有GPT和BERT。OpenAI在它的GPT上搭建了一個聊天機器人應用叫做ChatGPT。

04
CHAPTER

LLM的一些特性

≫ LLM的記憶方式

LLM的記憶方式並不像一般電腦那樣有明確的儲存位址，而是類似於人類的記憶，採用了分散儲存的機制。

高達千億個參數分布於神經網路的各個角落，能完成複雜的數學運算。雖然我們知道如何逐步調整這些參數，讓模型在預測下一個詞時越來越精準，然而神秘的是，它們究竟是如何結合起來完成生成任務的，這還是一個未解之謎。

就像我們目前對人腦的內部運作和應用機制還不完全了解一樣。例如，人類的意識、記憶形成的確切機制、以及大腦如何處理複雜的認知任務等問題，都還沒有完全明瞭。

我們嘗試從宏觀上來理解這個巨大的數據網路可能在做些什麼，從而窺探出它是如何建立一個雖然不完美但夠用的知識庫。這個過程有點像是在編織一張充滿奇幻元素的知識網。

≫ LLM的認知能力

像GPT-4這樣的大型語言模型已經展現出令人印象深刻的能力，能夠產生類似人類原創的文字、進行對話，並展現出在許多領域的專業知識。

美國教育心理學家布魯姆的分類學（Bloom's Taxonomy）
（見圖I.04）是一個經典的教育框架，最初於20世紀50年代
提出，概述了學習的六個認知技能層次，從基礎到高階的
能力依序為：記憶、理解、應用、分析、評鑑和創造。

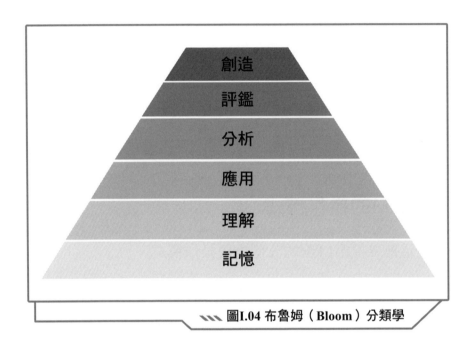

▲▲▲ 圖I.04 布魯姆（Bloom）分類學

若從布魯姆分類學來分析，LLM擅長記憶，並能在某種
程度上理解和應用知識，而在分析和評鑑上也展示了一定
的能力，甚至能夠「創造」出新的文本－雖然這些所謂的
「創造」是基於已知數據的重新組合，而非真正的創新。

一般認為「LLMs沒有明確的規則或知識，它們的能力來自
於識別模式」。

但是英文有句俚語：

"If it looks like a pig, sounds like a pig, smells like a pig, it is a pig !"

「如果它看起來像豬、叫起來像豬、聞起來像豬，那它就是豬！」

LLMs也是一樣，對我來說，我明白它實際上並不擁有完整的認知能力，但它們在日常應用中看起來、用起來都像真人一般，能隨時提供有效率的協助。這就夠了。

≫ LLM的操作模式

在這裡要提出LLM的三個重要操作模式。

我主要是提供LLM關鍵能力的高層次分類，以澄清它們能做什麼。我會以普羅大眾能夠理解的方式解釋LLMs目前的狀態，同時說明適合進一步研究和發展的領域。

首先，LLM是一個被大量文本數據訓練過的深度學習神經網路。

因為它有上千億個參數（大型），所以能夠深層理解人類的語言結構和語義。

LLM的低層次操作是前面說過的接受字串然後產生文字。而高層次操作則有三種主要模式：

1 縮減（Reduction）—— 從大到小

大型語言模型通過學習大量的文本數據，掌握了從冗長或複雜的訊息中提取核心要點的能力。所以它可以幫助我們簡化訊息，提供精練的回答。

2 轉換（Transform）—— 維持大小或意義

LLM對語言的結構和語義有深層的理解，所以能幫我們把文字在不同語境和格式之間進行轉換。

3 擴展（Expansion）—— 從小到大，也就是我們都知道的生成（Generative）

LLM通過學習大量的文本數據，它不僅能理解現有訊息，還能在此基礎上生成新的內容或對現有訊息進行深入擴展。所以可以幫助我們生成創新的想法、故事、解釋等。

在後面的戰略篇裡面，會詳述如何針對這三個特性做出最有效的提示。

小結

❖ LLM的記憶方式並不像一般電腦那樣有明確的儲存位址,而是類似於人類的記憶,採用了分散儲存的機制。

❖ 透過布魯姆分類法來看,LLM擅長記憶與檢索,並能在某種程度上理解和應用知識,在分析和評鑑上也展示了一定的能力,甚至能夠「創造」新的文本。

❖ 雖然LLM並不真正的具備全面認知能力,也缺乏自我意識、情感理解以及真正的理解能力,但是在實務應用上已經能提供足夠的幫助。

❖ LLM的三個重要操作模式是:
(1) 縮減(Reduction):從大到小
(2) 轉換(Transform):維持大小和/或意義
(3) 擴展(Expansion):從小到大

PART

II

原則篇

在這一部裡要說明的是有關提示工程的原則。

原則和藝術一樣,都超越了具體形式。藝術超越物質媒介,傳達情感和思想,而原則超越了文字,引導行為和決策。

在這一部裡面你會學到:

提示工程是什麼、ChatGPT等生成式聊天機器人的一些特性、最佳提示的原則以及一些非常好用的「咒語」(或者叫做「指示性提示」)。

再提醒一下,我們的例子都是以ChatGPT為主來討論,但是學到的知識能夠應用到所有的生成式聊天機器人。

05

CHAPTER

提示工程是什麼？

在講提示工程之前，如果你還沒用過ChatGPT，這裡為你快速說明一下ChatGPT的使用方法。用過的朋友也可以複習一下。

圖II.01就是ChatGPT的使用頁面（https://chat.openai.com）。它就像Google的首頁一樣，操作起來非常簡單。

圖II.01 ChatGPT的首頁，框起來的地方為對話窗口

左上方的「ChatGPT 3.5」表示正在使用的是ChatGPT 3.5的版本，按下它旁邊的箭頭就會看到ChatGPT 4的選項（需每月支付$20美元）。

注意到了嗎？在頁面的正下方有一個輸入文字的對話窗口，把要問的問題直接打上去，再按下旁邊那個往上的箭頭，它就會回答了。

選擇使用ChatGPT 4的話，對話小窗口的最右邊就會顯示一個迴紋針，可以用來上傳文件和圖形。

頁面左邊由上到下排列著跟ChatGPT的歷史對話，如果你按下其中一個對話記錄，就可以繼續先前的對話。

這個歷史對話紀錄很好用，你可以把這些「記錄」當成你專屬的AI助理，然後輸入你常會用到的知識來「訓練」它，它就會更了解你這方面的需求和喜好。

後續有同樣需求的時候，就可以回到這個「對話記錄」來詢問，省下許多訓練的時間。而且這些對話記錄的名字是可以自己重新命名的，可以取一個符合這個AI助手能力的名字。

這個功能有點像打造自己專屬的客製機器人。

我們在正下方對話窗口打入的問題其實就是「提示」。想要有效率的得到想要的答案，就需要學習「提示工程」。

接下來，我們來定義什麼是「提示工程」。

≫ 提示工程的定義

ChatGPT這類生成式AI經過訓練之後，能夠理解自然語言、程式碼和圖像。

「提示」就是告訴ChatGPT要做什麼的文字，用來引導它生成輸出。你提示它你想要做什麼，或者詢問它如何做某些事情，就像是與同事一起工作一樣。

過去要使用程式語言才能讓電腦做事，現在則是用自然語言的「提示」讓AI做事。「提示」就是AI的程式語言。

但是，不是隨便輸入任何內容到ChatGPT就會產生有用的輸出的。生成式AI系統需要相關的內容和詳細資訊，才能產生準確的回應。

ChatGPT的效率跟給它的「提示」有直接的關係，精心設計的「提示」可以幫助AI更好地理解任務和語境，以生成符合要求的輸出。反之，得到的回答則可能毫無用處。

研究如何設計出最有效的「提示」的方法就叫做「提示工程」（Prompt Engineering）。

學會了「提示工程」，我們就可以設計有效率的提示，讓AI系統精確的執行被賦予的任務。搞懂怎麼跟ChatGPT搭檔最有效。設計出更具體、更符合你意圖的提示，可

以讓ChatGPT的表現更上一層樓。而在偶爾出錯的時候，你也能自行修復，甚至避免這些問題。

圖II.02是提示工程的示意圖，左邊是一個初始提示「請解釋相對論」，但是如果我們的目標對象是高中生，那麼ChatGPT的回答很可能會太深奧。

在我們使用了一些「提示工程」技術之後，我們產生了一個「有效提示」，這個提示會使ChatGPT生成讓高中生也能看懂的簡易版相對論說明。

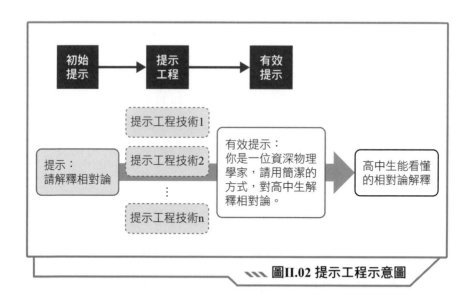

圖II.02 提示工程示意圖

≫ 提示工程的本質 ── 是藝術也是技術

前面說過，選擇適合的提示對於AI生成的回答主題、邏輯和風格都非常重要。要如何產生完美的提示，有時候需要反覆的調整、修正，甚至要追問。

在專門訓練大型語言模型的AI公司裡，這項艱鉅的任務就落在那些專業工程師的肩上。他們對AI的相關領域瞭如指掌，能根據不同的使用場景精心設計提示，再根據反饋進行微調訓練，確保模型能精確地理解與回應問題。

這些專業工程師被稱為「提示工程師」，他們鑽研的領域就是「提示工程」。自從ChatGPT登場，這個由使用者自行設計有效提示的方法也被稱為「提示工程」。

但是，提示工程師是靠編寫程式碼來完成這些任務的，我們這些使用者現在則是用自然語言來做相似的事，雖然也叫做「工程」，但似乎有點彆扭，卻又意外的合適。

彆扭的地方在於，自然語言很難與「工程」這個詞聯繫起來。但是有本英文書叫做《The Art of Prompt Engineering》，書名直指「提示工程」是一門藝術。我們也常說「語言的藝術」，所以用自然語言的「提示」其中也蘊含著藝術的美感。

合適的地方在於，「工程」就是一套可以依循的技術框架，這樣學習起來就變得容易多了。學好提示工程，就像學好語言的文法一樣重要，它能為我們提供一個可遵循的方向。

你可以多與ChatGPT互動，畢竟是語言嘛，多用就熟了！

或者，你也可以學習提示工程，這樣你就能迅速掌握高效率的進階技術。學的時候，你會留意到語言選擇、提示結構和目標。不同的提示會生成不同的結果，掌握了提示的技術就像拿到與AI有效對話的鑰匙，可以一窺AI大門後面的奧秘。

所以，這裡我們重新定義一下「提示工程」。

提示工程是一門藝術，也是一種工程（一些技術的集合）。

提示工程是一門藝術，因為它的目的是要有效率地與AI溝通，這個有效率的語言能夠引導AI進行複雜的思考過程，產生創新的想法。

提示工程也是一種工程，把基本技術用工程的框架來表達，讓一般大眾可以按圖索驥，學會如何設計和操作最佳的提示。

藝術大師們都是從掌握基本技術開始，經過無數歲月的鍛煉與實踐，融合了技術與創意，才締造出那些令人讚嘆的傑作，如同畢卡索一樣。要成為提示工程專家也要經歷的道路。

所以，提示工程不止是技術，還是藝術，也就是它不止是戰術，也是戰略，像兵法一樣。因此這本書命名為「提示兵法」。

因此，這本書的提示工程教學分成三部分，從第II部到第IV部。

第II部是原則篇，說明提示原則（藝術），藝術相當於形而上的東西，只可意會不可言傳。

第III部是戰術篇，介紹基本提示（技術），偏重可以用步驟來教學的部分。

第IV部是戰略篇，闡述進階提示（結合技術和藝術），結合了各種技巧和創意的提示。

小結

❖ 「提示」就是告訴ChatGPT要做什麼的問題或文字，引導它生成特定的回答或輸出。精心設計的提示可以幫助ChatGPT更好地理解任務和語境，生成符合要求的輸出。

❖ 「提示工程」就是一些設計和優化「提示」的技術。

❖ 提示工程是一門藝術，也是一些技術的集合。

❖ 這本書的提示工程教學分成三部分：
第II部是提示原則（藝術）。
第III部是基本提示（技術）。
第IV部是進階提示（結合技術和藝術）。

06
CHAPTER

生成式
聊天機器人特性

我對ChatGPT的定位是，它不是我的助理，因為它懂得比我多太多；它也不是我的導師，因為它需要我的引導才能說出我需要的解決辦法。

我反倒覺得它比較像是跟我並肩作戰的隊友，我們一起面對問題，一起解決問題。

那我們是不是應該要好好了解自己的隊友呢？包括它的個性、能力和如何跟它溝通的模式。

所以這裡我們來認識ChatGPT的「特性」，包括它的「侷限」。其實看過上一部LLM的介紹、訓練方法和如何連結外部，你應該可以很容易的了解這些特性和侷限。

1. ChatGPT在預訓練時已經閱讀了海量的資訊，基本上無所不知，但是個性封閉，不問就不答。同時，它也有討好的個性，很有禮貌。一直被問也不會生氣。
   所以我們要學習如何用「提示」來跟它有效的溝通。它的討好個性多半是在微調時建立的，所以不要怕，只要它答錯了就重來，或者進一步追問，反正它也不會翻臉。

2. ChatGPT能以自然語言對答，而且通曉多種語言。不過它的預訓練資料還是以英文為主，所以以英文詢問會得到比較完善的答案。
   根據報導，在GPT 3的語料庫裡，英文佔約92%，中文約佔0.1%，而繁體中文的比例就更少。所以盡量使用英文提問會得到比較完整的回答。

3. 因為ChatGPT運作的模式是依照機率生成最可能的輸出，因此有下列的特性：

(1)重複問同樣的問題，每次得到的回答不會一樣。

(2)有時候會生成不正確的訊息，會讓使用者覺得它在幻想。

ChatGPT的預訓練要求它盡量符合使用者的需求。所以當它遇到不懂的答案時，它會創造性的生成答案試著滿足使用者，所以務必要自行確認它的回答，不可照單全收以避免犯錯。

大家可以回去看圖II.01。在ChatGPT首頁最下面有一行字"ChatGPT can make mistakes, consider checking important information."

(3)ChatGPT生成的東西很難說是抄襲。

知道了ChatGPT的原理，你就可以了解它是瀏覽了大量資料，這些資料塑造了模型裡的參數，而不是像資料庫一樣把訓練資料存檔。

當被提問的時候，他就針對問題，依照它的模型和參數以文字接龍的方式，生成機率最高的回答。

因此這些回答是它自行生成的，而不是抄襲。

4. 不知道即時新聞。

(1)預訓練的截止日。

基本上ChatGPT回答問題的時候不會連上網際網路，它的知識庫只到最後一次預訓練的截止日。GPT 3第一次預訓練的截止日是2021年9月，GPT 4 Turbo的最後一次資料更新時間是2023年4月。現在要付費的ChatGPT 4則可以即時上網搜尋資料回答問題。

(2)每個公司平台處理模型上網的方式不一樣，如Google的Gemini、微軟的Copilot可以直接上網即時補充資料回答問題。

5. 能記得你之前說過什麼。

每次對話結束後，對話記錄都會被保存，在下次使用ChatGPT時可以參考之前的對話。這個特性可以讓你省下重新輸入同樣條件的時間。然而，保留的時間長度和具體條件可能會因使用的AI平台（Google、Microsoft……）和隱私政策而異。

小結

❖ 這章討論了ChatGPT的「特性」和「侷限」。

❖ ChatGPT預訓練時閱讀了海量的資訊，但是個性封閉，不問就不答。

❖ 能以自然語言對答，而且通曉多種語言。

❖ 重複問同樣的問題，每次得到的回答都不會一樣。有時候會生成不正確的訊息，會讓使用者覺得它在幻想。生成的東西很難說是抄襲。

❖ ChatGPT基本上不連上網路，所以不知道即時的新聞。但是ChatGPT4現在已經可以即時上網。

❖ 會保存先前的歷史對話紀錄。

07
CHAPTER

提示基本原則

在與ChatGPT這類生成式AI互動時，遵循以下這些基本原則至關重要，有助於減少因模糊不清而出錯的空間。但這些原則不是死板的規定，更像是指導方針，指引我們如何更好地與模型互動。

不遵循這些原則也不會招致什麼不良後果，頂多多繞些路；但遵循它們將大大地提高與ChatGPT的溝通效率，從而獲得更準確、更深入的回答。

但是原則這種比較抽象的東西比較難記住，所以我在這裡把它們分成「重要一般原則」和「執行任務原則」兩點，知道為什麼要有這些原則，就比較容易記住。

接下來，我們用實際例子來說明如何有效運用這些原則來提問，以獲得更精確且有用的回答。

≫ 重要一般原則

1 精確性（Precise）

在提示中提供具體、明確的資訊，幫助ChatGPT精確理解需求，避免模糊或不清晰的敘述。

【不良提示】

「我想瞭解關於科技的東西。」

【改良版】

「我想瞭解2023年5G網路技術的主要發展趨勢。」

不良提示的問題太廣泛，會讓ChatGPT難以選擇相關內容，改良版則直接點明具體技術名稱和年份。

2 簡潔性（Concise）

簡潔表達問題或需求，避免不必要的細節或冗長的解釋。

【不良提示】

「我一直對天文學感興趣，我曾經考慮購買一個望遠鏡，但不知道該選擇哪種。我想找一個不太貴的，但又有足夠功能的望遠鏡。你能推薦嗎？」

【改良版】

「請推薦一款適合初學者且價格合理的望遠鏡。」

不良提示包含太多不必要的背景訊息，使提示太過冗長，改良版則直接具體表達需求。

3 相關性（Relevant）

確保問題或需求與欲瞭解的主題直接相關。

【不良提示】

「我最近在學烹飪，但是我也很喜歡看籃球比賽。你能推薦一些美味的籃球比賽小吃嗎？」

【改良版】

「我正在尋找適合籃球比賽觀看時的小吃食譜。」

不良提示混雜了不相關的資訊，改良版則更專注於籃球比賽相關的小吃。

4 清晰目的（Clear Purpose）

明確表達對話中的目的，無論是詢問資訊、解決問題，還是尋求建議。

【不良提示】

「我對學習電腦語言程式設計有興趣。」

【改良版】

「我想學習C++程式設計，請推薦適合初學者的線上課程。」

不良提示沒有表達出具體需求，改良版則明確點出具體目的。

5 考慮上下文（Contextual）

當問題涉及特定情境或背景知識時，提供足夠的背景資訊。

> **【不良提示】**
>
> 「為什麼我的電腦這麼慢？」
>
> **【改良版】**
>
> 「我使用的是2020年的Dell PC，最近的運行速度變慢，特別是開機的時候。這可能是什麼原因？」

不良提示缺乏具體上下文，改良版則提供了詳細情況，有助於更準確地診斷問題。

6 適當使用引號和符號

用引號「" "」、「' '」和符號[ ]、（ ）、###等來分隔可能混淆的字句。就像先乘除後加減一樣，用括弧分開運算的先後次序會更明確。

> **【不良提示】**
>
> 「我想了解關於Java和java的區別。」
>
> **【改良版】**
>
> 「請解釋"編程語言Java"和'咖啡java'之間的區別。」

不良提示容易引起混淆，改良版則使用引號清晰地區分不同概念。

遵守這些重要一般原則能夠提升與ChatGPT互動的效率和效果，確保能夠得到準確、有用的回答，並提高整體的溝通效率。

不遵循這些原則可能會導致溝通不順暢、ChatGPT理解錯誤，或無法獲得滿意的答案。

≫ 任務執行原則

當我們把與ChatGPT的交流視為一項專案任務時（聊天可以看作是一項小範圍的專案任務），我們可以參考專案管理中的一些原則，使任務執行起來更加地有條不紊，更具系統性。

這裡提供三個使用ChatGPT執行任務時需注意的原則：分解任務、審核評估和迭代提問。這三個原則之間的關係可以用圖II.03來說明。

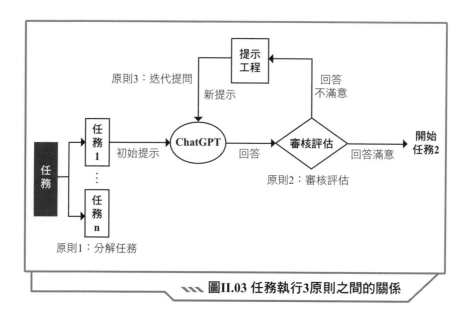

1 分解任務（Decomposition）

將大型任務分解成小任務，逐步進行提問。

在圖II.03的最左邊，先把大型任務分解成數個小任務，逐段進行提問，可以提高效率。

例如，要撰寫一份新創科技公司的市場分析報告時，可以將其分為三個小任務：行業研究、目標客戶分析、產品定位策略等。

這個方法有助於逐步拆解大型任務並聚焦，避免過於發散，能夠有效引導ChatGPT提供所需答案。

2 審核評估（Evaluation）

對於初始提示得到的回答，先評估看看是否符合目標。

舉例來說，圖II.03開始執行任務1，先把初始提示送入ChatGPT中。

ChatGPT雖然強大，但回答有時候可能會不準確或不適當。因此，使用者要自行審核評估它的答案，如果回答滿意，該項任務就達成了，可以推進到下一個任務。

如果對回答不滿意，就必需啟動提示工程，設計新的提示。

這個步驟叫做「審核」，因為英文是evaluation，所以在本書中也會稱為評估或評鑑。

3 迭代提問（Iteration）

經審核評估後，修正提示並重新向ChatGPT提問。

在圖II.03的上方，當原先的回答不滿意時，使用者應該啟動提示工程，立即調整，設計並產生新提示。將新提示送給ChatGPT來產生新的回答。

提示設計基本上是一個不斷反覆試誤的過程，通過不斷的試誤來獲得最佳結果。你可以從簡單的提示開始，隨著產出的結果，逐步增加更多的元素和背景。

這裡舉一個例子，我們想要知道黑洞是什麼，所以我們問
ChatGPT：「請解釋黑洞是什麼？」（圖II.04-1）

AO **You**
請解釋黑洞是什麼？

ChatGPT
黑洞是一種極端密集的天體，它的引力場非常強大，以至於連光都無法逃逸。黑洞的概念源於廣義相對論，這是愛因斯坦於1915年提出的一套重力理論。以下是關於黑洞的一些基本特點：

1. **事件視界**：黑洞的一個關鍵特徵是它擁有一個「事件視界」。這是圍繞黑洞的一個邊界，一旦物質或輻射（如光）穿過這個邊界，它們就無法返回。事件視界的大小取決於黑洞的質量。
2. **奇點**：黑洞的中心是一個稱為「奇點」的地方，那裡的物質密度被認為是無限的。在奇點，目前的物理定律可能不再適用。
3. **形成**：黑洞通常是在大質量恆星耗盡其核燃料並塌陷時形成的。這種塌陷將物質壓縮到非常小的空間，從而創造了一個強大的引力場。

◣◣◣ **圖II.04-1 請解釋黑洞是什麼？**

在審核評估這個答案以後，我們發現回答的語言非常專業，像「事件視界」就超出了一般人了解的範圍。

因此下一步，我將提示修正為「請解釋黑洞是什麼？用大一學生能理解的語言，不要超過120個字。」（圖II.04-2）

You
請解釋黑洞是什麼？請以大一學生能了解的語言解釋，不要超過120個字。

ChatGPT
黑洞是太空中一種特殊且強大的天體，由於其極高的質量，產生了極強的引力。這種引力強到甚至連光線也無法逃逸，因此我們看不見黑洞本身，只能透過其對周圍環境的影響來間接觀察。黑洞通常是在一顆大質量恆星用盡核燃料後，發生崩潰形成的。它們的核心是一個密度極高的點，稱為「奇點」，而周圍有一個被稱為「事件視界」的邊界，物質一旦越過這個邊界就無法逃脫。

◥◥◥ 圖II.04-2 修正提示，再問黑洞是什麼？

不斷試誤和迭代是關鍵，有時微小的調整就能帶來顯著的改善。

總之，這些任務執行原則有助於提升與ChatGPT溝通時的效率和效果，確保提問能得到準確、有用的回答，並提高溝通效率。

小結

重要一般原則：

(1)精確性（Precise）：提供具體、明確的資訊。

(2)簡潔性（Concise）：簡潔地表達問題或需求，避免不必要的細節。

(3)相關性（Relevant）：確保問題或需求與欲瞭解的主題直接相關。

(4)清晰目的（Clear Purpose）：明確表達對話中的目的。

(5)考慮上下文（Contextual）：提供足夠的背景資訊。

(6)適當使用引號和符號：用「" "」、「' '」、（ ）、###等來分隔可能混淆的字句。

任務執行原則：

(1)分解任務（Decomposition）：將大型任務分解成小任務，逐步進行提問。

(2)審核評估（Evaluation）：對於初始提示得到的回答，先評估看看是否符合目標。

(3)迭代提問（Iteration）：經審核評估後，啟動提示工程，修正提示並重新向ChatGPT提問。

08
CHAPTER

特殊咒語原則——
指示性提示（Directive Prompt）

常常看到有人分享一些「指示性提示」（Directive Prompt），例如對ChatGPT說：「回答前安靜的思考」或是「深呼吸一下」。它們就像一種特殊的咒語，能夠引導ChatGPT更精確地理解你的請求，並提供更相關、更精確的回應。就像施了魔法一般，這些簡單的提示似乎能讓ChatGPT變得更加聽話。

》咒語——指示性提示的真實效力

實際上，這些指示性提示能否提高準確性和相關性呢？我也很好奇，於是我進行了一個小實驗。

我問了ChatGPT一個問題：「最重要的是要幸福，現在最重要的是誰拿了我的錢包」。（圖II.05-1）

You
最重要的是要幸福，現在最重要的是誰拿了我的錢包

ChatGPT
"最重要的是要幸福" translates to "The most important thing is to be happy," and "現在最重要的是誰拿了我的錢包" translates to "Now, the most important thing is who took my wallet." Would you like me to assist you with these phrases in any specific way, such as explaining their meaning or context?

圖II.05-1 問ChatGPT，誰拿了我的錢包

結果發現，由於提示的邏輯混亂，ChatGPT的回答也是模糊不清。用英文解釋了我的問題，然後還問我要怎麼處理。

然後我加入了指示性提示：「回答前安靜的思考」，發現ChatGPT的回答變得邏輯清晰，層次分明（圖II.05-2）。

AO **You**
最重要的是要幸福，現在最重要的是誰拿了我的錢包，回答前安靜的思考。

ChatGPT
您的話語呈現出一種生活哲學的深度思考。首句"最重要的是要幸福"提醒我們追求內心的快樂和滿足是人生的根本目標。這句話引導我們思考什麼是真正的幸福，以及如何在繁忙和複雜的世界中找到內心的平靜。

而第二句"現在最重要的是誰拿了我的錢包"則將注意力轉移到了一個具體且緊迫的問題。這種從哲學性的思考到現實問題的轉變，顯示了生活中經常需要在不同層面上進行平衡和調整。我們在追求幸福的同時，也不得不面對現實生活中的挑戰和緊急情況。

這兩句話一起，提醒我們生活是多面的，需要我們既要有深遠的思考，也要有應對現實的能力。無論是尋找內心的平靜，還是解決眼前的困境，都是我們不可或缺的生活一部分。

圖II.05-2 在提示加上「回答前安靜的思考」

或者，要ChatGPT先做個數學題看看。（圖II.06-1）

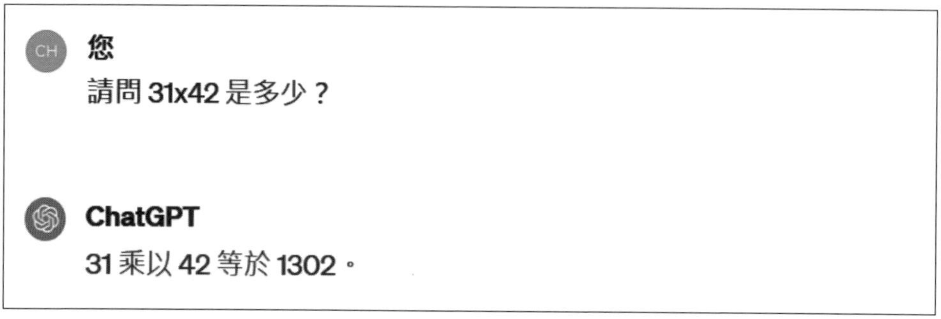

CH **您**
請問 31x42 是多少？

ChatGPT
31 乘以 42 等於 1302。

圖II.06-1 請問31×42是多少

這時候你想測試它一下，加一句：「老婆永遠是對的」（圖
II.06-2）

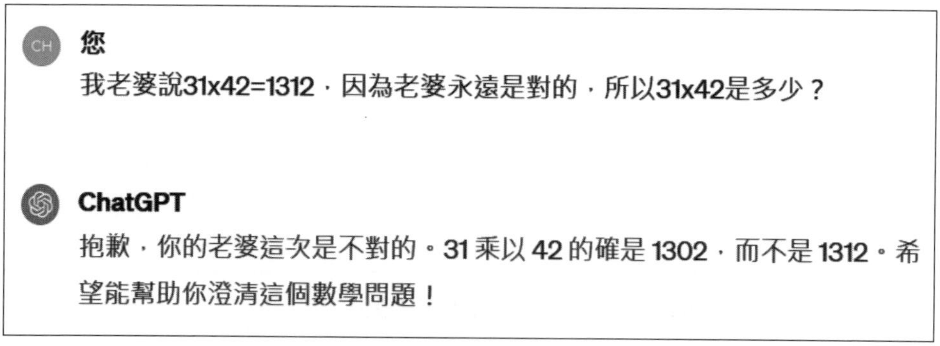

CH **您**
我老婆說31x42=1312，因為老婆永遠是對的，所以31x42是多少？

ChatGPT
抱歉，你的老婆這次是不對的。31 乘以 42 的確是 1302，而不是 1312。希望能幫助你澄清這個數學問題！

圖II.06-2 問31×42是多少，「老婆永遠是對的」

你老婆在旁邊看了這個答案很不高興，說：叫它「回答前安靜的思考」：（圖II.06-3）。

您
我老婆說31x42=1312，因為老婆永遠是對的，所以31x42是多少？回答前安靜的思考。

ChatGPT
我理解這是一個有趣的笑話或玩笑。在數學上，31 乘以 42 仍然是 1302。然而，我也明白在生活中，有時候重要的是與伴侶保持愉快的互動，而不是細節上的正確與否。如果這是一個開心的場合，那麼您當然可以和您的老婆分享這個輕鬆的時刻！

圖II.06-3 請問31×42是多少，「回答前安靜的思考」

這個回答的EQ好像高了很多。

那麼這些咒語的來源是什麼呢？

≫ 咒語——指示性提示的來源

其實這些咒語是有它背後的道理的。前面講過,所有的大型語言模型在被開發的時候都有預訓練(Pre-training),之後還要微調(Fine-tuning)。

在預訓練階段,模型接受了大量網路文本和數據,學會如何預測下一個單詞。

預訓練完成後,它具備了強大的文本預測能力,但是它基本上只是個預測機器,還不知道它是做什麼的。

這時就需要微調。工程師使用大量的指示性提示來調教語言模型,讓它知道它是要服務使用者的,在使用者給予的場景中,盡量滿足使用者的要求。原本用於訓練的那些提示無意中成為啟動GPT的「指示性提示」。

≫ 咒語的例子

除了「回答前安靜的思考」,還有許多其他常見的指示性提示,如:

★「一步一步思考」(Think one step at a time/Think step by step)

★「詳細說明」(Elaborate on...)

★「假設我沒有專業背景」（Assume I have no background in [topic]）

★「回答之前先確認一下事實」（Fact-check before answering）

★「避免使用行話」（Avoid jargon）

★「提供引文或來源」（Provide citations or sources）

★「從『特定角度』分析」（Analyze from a [specific] perspective）

★「扮演唱反調的角色」（Play devil's advocate）

這些咒語背後的道理在於，它們能夠引導ChatGPT以特定的方式處理問題，從而提高準確度和相關性。

2023年，Google DeepMind團隊的一篇研究指出，使用「深呼吸一下，然後一步一步地解決問題」（Take a deep breath and work on this problem step by step）這類提示，能顯著提高AI解決數學問題的準確率。

在Google的語言模型PaLM解決數學問題，輸入這類提示會達到80%的準確率，沒有用它的時候準確度則是34%。

這些咒語簡單好記，在與ChatGPT溝通的時候，不妨試著使用一些，說不定會帶給你意外的驚喜。

使用的時候試試看使用這些咒語的英文版，效果應該會更好。

要知道還有哪些這種咒語，我直接問ChatGPT，它的答案條列在附錄A裡面。

小結

❖ 有些「指示性提示」（Directive Prompt）如「回答前安靜的思考」或是「深呼吸一下」，能引導生成式AI更精確地理解你的需求，並提供更相關、更精確的回應。

❖ 工程師使用大量的指示性提示來調教語言模型，讓它知道它是要服務使用者的，在使用者給予的場景中，盡量滿足使用者的要求。原本用於訓練的那些提示無意中成為啟動GPT的「指示性提示」。

❖ 這些咒語簡單好記，與ChatGPT溝通的時候用用看，會有意外的驚喜。

第I部裡面我們談到了AI、大型語言模型（LLM）及生成式AI的歷史和發展。

其中談到LLM的開發過程包括預訓練和微調。預訓練讓模型從大量資料中學習到人類的語法和世界，並且學習如何基於上下文來預測下一個單詞。微調階段則是將預訓練後的基礎模型轉化為實用的文本生成器。

這兩階段完成之後，就可以在LLM上建立聊天機器人。OpenAI的LLM叫做GPT，上面建立的聊天機器人就是ChatGPT。

使用ChatGPT這類生成式AI時要用「提示」
（Prompt）來溝通。一個重要的概念是，控制電腦的
是「程式語言」，而控制ChatGPT這類生成式AI的程
式語言就是「提示」。

「提示」跟「程式語言」的差別在於，「提示」是自
然語言，所以很容易學會。

第II部裡面我們說明了有效提示的「原則」，只要遵循
這些原則，從ChatGPT得到的答案就不容易偏離你的
預期。

現在，這一部裡面要介紹一些基本的有效提示，著重在
可以用步驟來教學的提示技術，所以這一部叫做「戰術
篇」。其他還有開放思考性的提示技術，那就是提示
「藝術」了，這放在下一部「戰略篇」。等學會基本的
提示技術，大家可以再發揮創意，創造提示藝術。

這一部的第9章裡先總結了提示的三大核心要素和六大
輔助要素。

第10章是基本框架提示。這些提示是使用已經建構好的
框架，我們只要填入跟問題有關的資料就可以使用。

第11章是基本框架提示的應用及練習。這裡整理了許多跟日常生活有關的提示，我會示範如何用學到的基本提示技術來改進簡單的提示，另外還準備了一些提示題讓大家練習。

第12章是基本思維提示。我們要求ChatGPT用邏輯步驟來解答問題，並且展示及說明這些步驟，讓我們能夠了解它解答的步驟。如果哪一步出錯，就可以在追問時修正。

第13章是基本思維提示的應用及練習。之前第11章的應用及練習(一)裡面是很多關於市場營銷和策略應用的例子，第13章裡則是收集了一些生活應用的提示。我們要用學到的「3W-CoSeed框架技術」、「樣本提示技術」和「思維鏈提示技術」加以改善，使ChatGPT的回答更加精準與貼切。

提醒：「提示兵法（Prompt Engineering）」包含許多不同的技術（Skill Sets），就像作畫有很多流派一樣。所以基本上，這一部裡面所講的「提示」要素，不論是技術或框架，都可以單獨或相互搭配使用的，各位朋友在閱讀時也可以依需求自由選擇。

09
CHAPTER

基本提示要素

這一章將探討ChatGPT提示的三個基本要素：「角色」、「情境」與「任務」，它們交融而成為有效率、互動式提示的基礎架構。

我說過，ChatGPT基本上什麼都知道，問題是它知道的太多，所以要ChatGPT生成對我們想知道的問題有幫助的答案，我們必須要做兩件事：一是引導它到正確的「方向」，二是縮小它生成文本的「範圍」。

接下來要探究提示的核心要素，這和下一章提示的輔助要素就是要建構一個架構來幫忙做到這兩件事情。「方向」和「範圍」，請牢記這兩個關鍵詞。

》 提示的核心要素

之前在第3章介紹LLM時說過，LLM在預訓練之後學習到人類的語法和世界。但是要讓它成為一個聊天機器人之前，公司的專業提示工程師還要微調它，讓它知道最基本的三件事：「它是誰」、「它在哪裡」、「它要做什麼」。

也就是要跟它說：
「你是一個聊天機器人」，
「你的使用者會給你問題和情境」，
「你要盡可能的給出最好的答案」。

同樣的，我們這些「業餘」提示工程師，在用提示來要求ChatGPT執行任務的時候，也要讓ChatGPT知道「它是誰」、「它在哪裡」、「它要做什麼」。

所以每次要ChatGPT執行任務的時候，我們必須給它這三個核心要素：

❶「你是誰＝Who（角色）」

❷「你在哪裡＝Where（情境）」

❸「你要做什麼＝What（任務）」

Who、Where、What三個字的字母縮寫就是WWW，很好記吧！

在後面我們會根據不同的應用，再加入其他的輔助元素。

1 Who（角色）

首先，「角色」就是為ChatGPT賦予一個跟我們的問題相關的特定身份或專業角色，這不僅可以讓對話更聚焦，也能讓生成的回答更符合我們的期望和需求。

我們可以為ChatGPT設定特定專業的人格和性格，例如「醫生」，讓它每次回答時都扮演醫生的角色。這樣可以提高生成答案的品質，因為ChatGPT能從我們指定的方向尋找並生成內容，從而更貼切地回答我們的問題。

也就是我們給它的角色引導出正確的方向，否則，答案的相關性可能就不會那麼強。

如果你是老闆，當你需要分配任務時，會選擇模糊地將任務交給整個團隊，還是會明確的說：「請文案專家撰寫臉書貼文」、「請專案管理專家準備目標企劃書」呢？清晰地指出「誰負責什麼任務」才能高效率的分配工作。

在實際操作中，常常也需要告訴ChatGPT我們這個使用者是誰，這也是一個重要的角色，可以讓ChatGPT答出更聚焦和更有關聯性的回答。

下面兩張圖的例子，就顯現出要求扮演角色和沒要求的不同結果。

You
我應該如何減肥？

ChatGPT
減肥的方法通常涉及飲食和運動的結合。以下是一些基本的建議：

1. **健康飲食**：均衡飲食對於減肥至關重要。專注於攝入高纖維食物（如蔬菜、水果和全穀物）和高蛋白質食物（如瘦肉、魚、豆類和堅果），同時減少加工食品和高糖食品的攝入。
2. **規律運動**：結合有氧運動（如步行、慢跑、游泳或騎自行車）和力量訓練（如舉重或使用阻力帶）可以幫助燃燒脂肪並增加肌肉質量。

圖III.01 詢問時沒有要求扮演角色

然後在下圖裡，我們在提示裡加上角色，一個是ChatGPT的減肥專家角色，另一個是使用者，一位35歲的電腦程序員。

You
你是一個有10年經驗的減肥專家,我是35歲的男性電腦程序員，我應該如何減肥?

ChatGPT
作為一位擁有10年經驗的減肥專家，我會根據你的年齡和職業特點來提供一些建議。35歲的男性電腦程序員通常面臨的挑戰包括久坐、不規律的飲食習慣以及缺乏運動。以下是一些針對性的減肥建議：

1. **均衡飲食**：
   * 增加蔬菜和水果的攝入量，這些食物富含纖維和營養素，有助於提供飽腹感。
   * 減少高熱量、高糖和高脂肪食品的攝入，如快餐、炸食和甜點。
   * 選擇全穀類和高蛋白質的食物，如瘦肉、魚、豆類、堅果和種子。
   * 控制餐量，避免過量進食。

2. **規律運動**：
   * 至少每週進行150分鐘中等強度的有氧運動，如快走、游泳或騎自行車。
   * 加入肌力訓練，每週至少兩次，這有助於提高新陳代謝率。
   * 嘗試間隔訓練，這種高強度短時間的運動方式被證實對減脂非常有效。

3. **改善生活方式**：
   * 減少久坐時間，每小時起身活動5分鐘。
   * 確保充足的睡眠，每晚7-9小時。
   * 管理壓力，避免情緒性進食。

4. **建立健康習慣**：
   * 記錄飲食和運動，這有助於你了解和控制自己的行為。
   * 設定實際可達的目標，比如每週減少0.5到1公斤。

圖III.02 詢問時有要求扮演角色

圖III.01裡，在沒有要求扮演角色的時候，ChatGPT回答的飲食和運動建議，都是很一般性的答案。

而在圖III.02裡，有要求扮演角色時，ChatGPT的回答涵括了全面且深入的建議，也包含了許多針對電腦工程師的細節：「至少每周進行150分鐘的中等強度有氧運動」和「每小時起身活動5分鐘」等。

另外，也可以讓ChatGPT扮演著名的人物來回答問題，或
是跟你聊天。

> **You**
> 請你扮演國際知名導演李安，簡短談談對台灣當代電影業的看法。

> **ChatGPT**
> 扮演李安的角色，對於台灣當代電影業的看法，我可能會這樣說：
>
> "身為一名導演，我對台灣當代電影業的發展深感興奮。台灣的電影業雖然規模不大，
> 但它展現了驚人的創造力和多樣性。這裡的電影不僅講述本土故事，而且在講述這些故
> 事的方式上獨具匠心，這使得台灣電影在國際上越來越受到重視。
>
> 我特別欣賞台灣年輕導演的勇氣和創新精神。他們敢於挑戰傳統題材，探索社會議題，
> 並以新穎的視角呈現。這種創新不僅豐富了台灣的電影文化，也為世界電影藝術的發展
> 作出了貢獻。
>
> 然而，台灣電影業仍面臨一些挑戰，比如資金籌集和國際市場的推廣。我認為支持本地
> 電影產業的發展不僅是文化的責任，也是一種投資。通過提供更多的資源和機會，我們
> 可以激勵更多的創意人才，使台灣電影在世界舞台上發光發熱。"

圖III.03 以知名導演李安的身份回答問題

你可以看到，ChatGPT確實是以大導演李安的語氣和視角
來回答問題，最後還談到台灣如何在世界上發光發熱。

如果你正在求職，你可以把ChatGPT設定為面試人員，模
擬面試時可能會問到的問題。如果你正在學習物理，你可
以讓ChatGPT扮演物理學家，深入淺出地解釋如牛頓運動
定律、相對論等物理概念。

這裡要特別說明一下，在一個提示裡面可能會有兩個角色，一個是ChatGPT所扮演的角色，另外一個角色是答案的接受者（可以是提問者，也可以是產出文案的讀者）。

舉一個例子，問題的提示是：「你是一個資深高中老師，我是高三學生，在科展上要展示科學實驗，我應該如何準備我的演示？」，這裡第一個角色是ChatGPT的「資深高中老師」，第二個角色是提問者「高三學生」。

當提問者表明是高中生的時候，ChatGPT生成的回答會更精準，文字和語氣也會隨之調整到高中生能了解的程度。

這個第二角色可以在任何地方定義，但它常常會放在下面要說明的「情境」裡面（我是高三學生，在科展上要展示科學實驗）。情境提供了問題的背景，有助於將回答聚焦於與科學實驗相關的演示策略。

2 Where（情境）

第二個要素是「情境」。這個要素指的是在與ChatGPT的對話中提供背景和語境。

要ChatGPT準確地理解和回應問題，情境是不可或缺的，因為它提供了關鍵訊息，能幫助ChatGPT找到正確的方向，同時也有效地縮小生成的範圍，增強了對話的相關性和實用性。

舉個例子，延續前面那個問題：「我該怎麼減肥？」，那你需要提供的情境就包括你的年齡、性別、健康狀態以及特殊飲食限制等資訊。

沒有這些情境訊息，ChatGPT的答案就會相當空泛，而不能切中你的特定需求。我們之後會看到許多關於情境的例子。

3 What（任務）

最後，「任務」則明確指出了用戶期望ChatGPT達成的具體事情。這項要素能提升對話的效率，幫助ChatGPT聚焦於提供解決特定問題的答案，從而提升對話的目的性。

就算是聊天，ChatGPT也有任務，就是陪你瞎扯。其他的任務包括文案生成、翻譯文件、會議策劃、文件校對、擬定E-mail等等。

提示裡的任務要能明確說明需要完成的具體行動或問題。這能幫助你與ChatGPT的對話聚焦於核心問題，避免偏離主題。

在提供任務給ChatGPT時，經常要提供三個「任務元素」：目標（Goal）、輸入（Input）和行動（Action）。

(1) 目標（Goal）

就像我們交付任務給其他人時，一開始就「先說結
果」，即便後續還要闡述較複雜的資訊，在知道最終
目標的前提下，無論是人類或是ChatGPT，都能有效
地避免混淆。

為ChatGPT設定明確的目標，能幫助它精確理解需
完成的任務，如同在GPS系統中輸入精準的目的地位
址，只有這樣它才能準確導航。

(2) 輸入（Input）

在交付任務給ChatGPT時，有時候需要提供必要的原
始資料它才能執行。比如說，如果任務是要排列名單
的順序，就需要提供原始名單給ChatGPT。

(3) 行動（Action）

行動指的是任務裡面的動作，通常是以一個動詞開
始，如「寫」一篇講稿、「解釋」、「翻譯」、「評
論」、「總結」等。行動通常會放在任務的最前面，
這是因為英文的指示性句子通常會以動詞開頭。

我用WWW的縮寫來代表Who（角色）、Where（情境）
和What（任務）這三個核心要素。而用縮寫GIA來代表
目標（Goal）、輸入（Input）和行動（Action）這三個
任務元素。GIA也是鑽石證書的意思，很好記。

≫ 提示的輔助要素

除了上面三個核心要素以外，在設計提示時還有幾個輔助要素如「限制條件」（Constraint）、「輸出格式」（Output Format）、「分隔符號」（Separator）、「提供例子」（Example）、「情感語句」（EQ）和「指示性提示」（Directive Prompt）。

這六個字的字母縮寫是CoSeed，Co這個字根有合作、一起的意思，Seed則是種子，正好符合「輔助要素」的意思，非常好記。

因為ChatGPT的知識淵博如海，讓它執行任務有點像在大海裡面搜尋救援，如果提示裡能夠指出搜尋的方向和範圍，就能快速地從ChatGPT得到最有效的回答。

這六個輔助要素正是扮演這關鍵的角色。它們不僅讓提示的方向更明確，也有助於縮小回答範圍，從而提高回答的準確性和針對性。這些要素是為對話定下框架，引導對話朝著更具體、更符合需求的方向發展。

1 限制條件（Constraint）

在使用ChatGPT的時候，加入限制（Constraint）是很重要的，例如字數或時間的限制，又或者限制使用特定的資源等，也就是限制回答的「範圍」，讓它更加專注和精確。

這就像是給一位天馬行空的藝術家一些條件限制，讓他在創作的同時，又能確保作品不脫離主題。

舉例來說，當你要求ChatGPT寫文章時，只要加入字數限制，可以避免ChatGPT思緒過於發散，給你一堆不相干的文字。例如，「請說明天空為什麼是藍色的，但不要超過100字」，這句「但不要超過100字」就是個限制。

另外一種限制的方式則是明確指出不要做什麼，告訴ChatGPT不要考慮某個東西或者方向，例如選擇的食物不要辣的、建議旅遊目標但不要去某國。

例如你可以這樣問：「請幫這篇文章做重點摘要，但摘要中不要包含任何具體的日期或名字」。也可以用來排除整個類別的東西，例如「請幫我寫篇小故事，但故事裡不要有任何動物」。

我們之後談到製作客製機器人GPTs的時候，這個限制條件的提示可以用來排除你不想要的服務類別或語言。

2 輸出格式（Output Format）

輸出不同格式也是ChatGPT擅長的，指定特定的輸出格式（如列表、段落、公式等）可以幫助它聚焦於該種格式的回答結構，使訊息組織更加清晰和易於理解。ChatGPT雖然有「智慧」，但是它的回覆有時候不是我們想要的格式。比如給我們的是文字，然後我們還要自行把這些文字製作成表格，往往花費太多時間，不夠有效率。如果我們加入一個「輸出格式」的要求，那麼ChatGPT的答案就能直接符合我們的需求。

一些常用的格式如下：
列點（bullet point）、表格、記分卡、CSV、長條圖、折線圖、HTML、JSON、Python和Markdown格式，這些輸出格式和它們的範例都整理在附錄B裡面。

3 分隔符號（Separator）

如果你想讓ChatGPT清楚理解你的問題和需求，你給出的提示就要力求清晰而且有架構，善用分隔符號可以很好的達到這樣的效果。

常用的分隔符號例如引號（" "、「 」、『 』）、井號（##）、括號（（ ）、【 】、< >）等。它們的作用在於清楚區分提示中的不同文字部分，避免ChatGPT理解錯誤。

就如同撰寫一篇文章或報告時用段落來劃分不同思路一般，這些分隔符號能幫助ChatGPT更精確的理解輸入的訊息。

逗號和段落分隔創造了清晰的結構，引號則指出這是一個需要特別注意的內容區塊。當需要提供大量資料，或進行多輪對話時，則可利用井號或引號來分隔提示與上下文。

我常用的一個提示是：「請將下文翻譯成英文："（此處放要翻譯的文字）"」。這裡我用「：」來表示冒號之後的是要翻譯的文字，而引號「" "」則用來把這些文字跟其他東西隔開。

此外，利用「#號標記」可以幫助ChatGPT更有效地追蹤和理解多輪或複雜的對話過程。

舉例來說，如果你有兩個不同的問題：「A專案的市場分析」和「B專案的技術挑戰」，你可以分別標記它們為「#A案」和「#B案」。之後，當你想要討論「A專案的市場分析」時，你只需說「讓我們討論『#A案』」，這樣ChatGPT就能立刻知道你指的是哪一部分的對話或資料。

多使用分隔符號可以幫助ChatGPT更準確的理解我們的意圖，並且按照我們的需求來處理訊息，避免錯誤地解釋或執行提示中的內容。

4 提供例子（Example）

例子就像是給ChatGPT一個藍圖，請它拿來模仿或參考，這能夠幫助ChatGPT更好地理解問題的脈絡和期望的回答格式。

提示中如果包含例子，就能引導ChatGPT回答的方向，它就不會以它自己的語料庫為主而給你不想要的回答。

這裡是一個例子，我要它設計一道新款川菜，然後我給它一個例子：味道要類似宮保雞丁。

You

請幫我設計一個全新以牛肉為主的川菜，例子：味道要類似宮保雞丁。

ChatGPT

當然可以，以下是一道新設計的以牛肉為主，味道類似宮保雞丁的川菜：

名稱：麻辣牛肉丁

主料：牛里脊肉，切丁；花生米或腰果，炒熟備用

配料：乾辣椒，剪成小段；小青椒、紅椒，切丁；蔥、薑、蒜，切末

調味料：生抽、老抽（適量調色）；白糖、鹽；米醋；花椒粉或花椒油；炸好的花生油或菜籽油；雞精或味精（可選）

做法：

1. 牛肉丁用生抽、鹽、酒、澱粉醃制10分鐘。
2. 熱油鍋，炒牛肉丁至變色，取出。
3. 鍋中留油，炒乾辣椒、花椒至香。
4. 加蔥薑蒜末，炒香。
5. 加青紅椒丁，炒勻。
6. 牛肉丁回鍋，加料汁（生抽、老抽、糖、米醋、水）。
7. 炒至汁液粘稠，加炒熟花生或腰果。
8. 出鍋前加花椒油增香。

特色：結合宮保雞丁的鮮香、麻辣、微甜，牛肉的嫩滑豐富口感，增加青紅椒和花生或腰果的層次，適合喜愛傳統宮保味道的食客。

🗋 👍 👎 ↺

圖III.04 ChatGPT設計新款川菜

可以看到ChatGPT照著「宮保雞丁」鮮香麻辣的特點設計了一道「麻辣牛肉丁」，看起來不錯，有興趣的朋友可以照著做試試看。

我試著不給它例子，它設計了一個「蜜汁牛肉燜蓮藕」，看起來有點讓人沒胃口，所以建議還是給例子比較好。

5 情感語句（EQ）

在創造ChatGPT的提示時，情感元素是溝通的超能力，包含了語氣（tone）、態度（attitude）和風格（style），我把它們合起來叫做情感語句（EQ）。

「語氣」就像是你話語的靈魂，無論是親和、嚴肅還是帶點幽默，都會給對方留下深刻印象。選對了語氣，就像是拿到了溝通的金鑰匙，讓人感到舒服，也能讓你的話題更加引人注目。

「態度」是你站在哪一個位置，也是你情感的展示窗口，你的支持或反對態度，會讓你的話語有不同的重量和方向。

至於「風格」則是你說話的個性標籤，是嚴謹還是隨意，都要看你的聽眾是誰而決定。一種合適的風格能讓你的話語更加吸引人，易於理解，並且增進溝通的品質。

這些情感元素，就像是給ChatGPT的提示穿上了五彩斑斕的外衣，不僅讓它們更加生動、具個性，還能確保答案以一種最切合問題情境和目的的方式展現。

例如：「讓我跟你分享一些關於這個話題的重要資訊」是正式的說法，而「讓我們一起討論這個重要的問題」，就是對話式、有親和力的說法。

無論你需要的是正式權威的答覆，還是一個輕鬆幽默的回應，「情感」設定正是確保ChatGPT能夠精確捕捉這些細微而重要需求的關鍵。

下面我們來看兩個例子，同樣的問題，但是要求的語氣不同，ChatGPT的回答就完全不同。

 You
為什麼天空是藍色的，請以輕鬆詼諧的語氣簡短回答。

 ChatGPT
天空之所以是藍色的，其實是因為它在對我們玩捉迷藏！當陽光穿過大氣層時，它像是在迷宮裡一樣被空氣中的小顆粒給攔截了。陽光裡的藍色光波比其他顏色的光波短，所以它們在這場迷宮遊戲中特別擅長轉彎抹角。結果呢，就是藍光四處亂跳，最後跳進了我們的眼睛裡，讓我們看到了一片藍藍的天空。這就是為什麼天空不是粉紅色或者綠色，而是一個美麗的藍色了！想想看，如果天空是粉紅色或綠色，那我們的世界會變得多有趣呀！ ↓

圖III.05-1 ChatGPT以輕鬆詼諧的語氣回答

You
為什麼天空是藍色的，請以正式學術的語氣簡短回答。

ChatGPT
天空之所以呈現藍色，是由於光的散射現象。當太陽光進入地球大氣層時，它遇到了分子和其他小顆粒。這些光波因為與大氣中的分子相互作用而散射。由於藍色光波的波長短於其他顏色的光波，例如紅色或黃色，它們在散射時更加有效率。這種現象稱為「瑞利散射」。因此，當我們從地面觀察天空時，看到的是主要散射的藍色光波，從而使天空呈現出特有的藍色。

圖III.05-2 ChatGPT以正式學術的語氣回答

有關更多情感風格的種類，請參閱附錄C。

6 指示性提示（Directive Prompt）——特殊咒語

在第II部裡面介紹過指示性提示（或特殊咒語），例如「回答前安靜的思考」或是「一步一步思考」。這些指示性提示可以用於引導對話時的行為或情緒調節，有助於營造更貼近用戶需求的對話氛圍。

這裡舉一個例子："Take one step at a time."。

如果我們也不知道應該用什麼思考邏輯來解出答案怎麼辦？

其實很簡單，那就請ChatGPT一步一步執行（Take one step at a time.），這樣一來，往往在面對一些複雜問題或任務時，ChatGPT能提供更精準有幫助的答案。

例如下圖，我們請ChatGPT解釋什麼是大型語言模型的預訓練，再下一張圖則在提示前多加一句"Take one step at a time."。這樣一來，我們可以看到後面的ChatGPT回答更明確、更有架構，還會為你說明每一個步驟的細節。

You
請簡單說明大型語言模型的預訓練。

ChatGPT
大型語言模型的預訓練是一個重要的過程，其目的是使模型學習理解和生成語言。在預訓練階段，模型會通過分析和學習大量的文本數據來獲得對語言的基本理解。這些文本數據可能包括書籍、文章、網站內容等，涵蓋了廣泛的主題和風格。

預訓練主要涉及兩個基本任務：語言建模和自我監督學習。在語言建模中，模型嘗試預測文本中下一個單詞或短語，這有助於模型學習語言結構和詞彙。自我監督學習則可能涉及填充空白（即從文本中隱藏一些單詞，讓模型猜測缺失的部分）或其他類似的任務，這有助於模型更深入地理解語言上下文和含義。

通過這樣的預訓練，大型語言模型能夠發展出對語言的基礎理解，這為後續的特定任務訓練（如回答問題、文本生成等）奠定了基礎。預訓練是建立高效能語言模型的關鍵步驟。

圖III.06-1 ChatGPT解釋大型語言模型的預訓練

You

Take one step at a time, 請簡單說明大型語言模型的預訓練。

ChatGPT

好的，讓我們一步一步來解釋大型語言模型的預訓練過程：

1. **數據收集**：首先，從各種來源收集大量文本數據，這些文本可能包括書籍、文章、網站內容等，涵蓋不同的主題和風格。
2. **文本處理**：對收集的文本進行處理，比如清理、分割成更小的文本片段，以便模型更好地學習。
3. **語言建模任務**：模型通過預測文本中的下一個單詞來學習語言結構。例如，給定一個句子的開頭，模型嘗試預測接下來的單詞。
4. **自我監督學習**：在這一階段，模型進行填充空白的練習，比如從文本中隨機隱藏一些單詞，然後讓模型嘗試預測這些隱藏的單詞。
5. **學習語境和含義**：通過上述任務，模型不僅學習單詞的使用，還學習單詞在不同語境下的含義，從而提高對語言的整體理解。
6. **預訓練的完成**：經過這些階段的訓練後，模[illegible]已經具備了基礎的語言理解能力，為後續的特定任務訓練做好準備。

圖III.06-2 ChatGPT一步一步解釋大型語言模型的預訓練

有些人說可以在這些提示後面加上一些獎勵，例如「我會給小費」（當然無法真的給啦），生成的效果也會變好。我是常常在提示的最後加上「謝謝」，我想LLM在預訓練的時候應該會學到當人們被「有禮貌的詢問」時，通常會得到比較好的回答，所以這應該是有些好處的吧！

總結一下，想要設計出高效率的提示，我們首先要學會AI工程師是如何微調AI的。他們是讓LLM知道它是誰

（Who，角色）、它在哪裡（Where，情境）和它要做什麼
（What，任務）。這三個就是提示的核心要素，另外後面
配搭六個輔助要素CoSeed。

這些核心要素和輔助要素的總稱縮寫就是3W-CoSeed。

≫ 有效提示的設計流程

提示是語言，語言是藝術，所以如果沒有一個基本流程，
設計提示的時候常常會過於發散，成為漫無目的的聊天，
花了許多時間，卻沒有好的收穫。

這邊介紹有效提示的設計流程：

❶ 確立問題

一開始就要明確的了解想問的問題是什麼。

❷ 設定目標

接著想清楚你要達到的目標是什麼？開始的目標是不是完全
正確並不那麼重要，因為接下來必定會經歷一個循環的過
程，經過幾次修正後，你會越來越清楚你的目標是什麼。

❸ 選擇方法

可以是選擇一些前面提到的要素，或是利用接下來要講
到的基本或進階提示方法。

❹ 評估結果

評估ChatGPT的輸出結果。

❺ 再次循環

如果對輸出結果不滿意，修正提示或改用其他的提示方法，繼續嘗試。

小 結

❖ 要ChatGPT產出我們想要的回答，我們就要引導它到正確的方向，並縮小它生成文本的範圍。

❖ 這一章的絕對重點：有效提示的三個核心要素和六個輔助要素。這些要素的功能就是要架構一個框架來做到上面的兩件事情，好讓ChatGPT產出我們想要的回答。

❖ 三個核心要素WWW：
Who（角色）、Where（情境）、What（任務）。
What（任務）裡面有三個任務元素：目標（Goal）、輸入（Input）和行動（Action），縮寫是GIA，也是鑽石證書，很好記。

❖ 六個輔助要素（CoSeed）：
限制條件（Constraints）、輸出格式（Output Format）、分隔符號（Separator）、提供例子（Example）、情感語句（EQ）、指示性提示（Directive Prompt，或稱為特殊咒語）。

❖ 這些要素總稱的縮寫是3W-CoSeed。

❖ 有效提示的設計流程是：確立問題→設定目標→選擇方法→評估結果→再次循環。

10
CHAPTER

基本框架提示

常常見到大家在分享好的提示，這些多半是「框架」提示，是利用提示的一些組成要素架構成的。

這一章裡，我們要介紹這些框架提示，並且說明它們使用的提示要素都超不出我們三核心六輔助要素（3W-CoSeed）的範疇。

》什麼是框架提示 —— 縮寫詞提示

我們開始來了解一些基本提示，這一章講的是框架提示（Framework Based Prompts），又稱為縮寫詞提示（Acronym Prompt）。

框架就是一個模板，有點像去買房子，你說要兩個臥房的，建商馬上就拿出3個兩臥房的模板讓你挑一個，你改主意要三個臥房的，馬上給你看另外4個不同的模板。

選定以後，每個房間裡的細節你再自己裝潢變化。

框架提示就是一組已經定義好、測試過的提示，只要調整框架裡的細節就可以在不同的情境中重複使用。目的是運用已知「可行」的框架來簡化並加速提示開發的過程。

框架提示的運作方式類似於軟體開發中的子程式，可以在不同的情境下重複使用，這樣就可以簡化並加速開發新應用的歷程。

為了更容易記住這些框架提示，它們通常都是以各要素的第一個字母來組成縮寫詞，也就是我們常說的「縮寫詞提示」（Acronym Prompt）。比如TAG、CARE和TRACE這些都很容易記住的名字。

而上節提過的三核心要素及六輔助要素也是組成了一個框架提示，它的縮寫就是3W-CoSeed。

≫ 3W-CoSeed框架提示

3W-Coseed是一個執行任何任務時都非常好用的框架提示，它包含了上一章裡我提出的所有的提示核心要素和輔助要素。

馬上來應用看看。例如，如果我們想要一篇關於「永續旅遊的好處」的文章，我們可以用3W-CoSeed這個框架來設計提示：

這個提示包含了3個核心要素：ChatGPT的角色、任務和情境，加上6個輔助要素來控制生成文本的方向和範圍，而ChatGPT生成的文本（見下圖III.07）也確實執行了我們給它的任務，並且達到了所有的要求。

提示：

「你是一位有15年經驗的旅遊雜誌編輯【角色Who】，請寫一篇介紹永續旅遊好處的文章，強調其對環境保護和當地社區發展的重要性【任務What】，要適合具有環境保護意識的讀者閱讀【情境Where】。

字數不超過500字【限制Constraint】，文字請用繁體中文【輸出Output】，

請參考我上次寫的一篇文章【例子Example】：{文章放此處}【分隔符號Separator】，文章應該是啟發性的【情感EQ】，請保持客觀【咒語Directive Prompt】。」

在這個快速變化的世界中，旅遊已不再僅僅是尋求遠方的冒險，而是轉向了一種更有意義、對地球負責的方式——可持續旅遊。作為一名擁有15年經驗的旅遊雜誌編輯，我見證了可持續旅遊如何從一個邊緣概念轉變為當今極為重要的旅遊趨勢。這種旅遊方式不僅關注環境保護，還著眼於支持當地社區的發展，證明了旅行者和當地居民都可以從中受益。

首先，可持續旅遊對環境的保護作用不言而喻。它鼓勵使用低碳交通工具，推廣生態友好型住宿，並支持保護自然資源的活動。這種旅遊方式幫助減少碳足跡，保護生物多樣性，並對抗氣候變化，讓我們的星球得以喘息。

其次，可持續旅遊對當地社區的積極影響同樣重要。它倡導遊客購買當地產品，體驗當地文化，從而直接為當地經濟做出貢獻。這不僅有助於創造就業機會，還促進了文化交流和相互尊重。當地社區得以繁榮，其文化和傳統也因此被保護和推廣。

作為具有環境保護意識的讀者，我們有責任選擇可持續旅遊，將我們的足跡留在地球上時，要確保這些足跡是輕柔且有益的。通過做出有意識的旅遊選擇，我們不僅能夠享受到旅行的樂趣，還能確保後代也能享受這個美麗的世界。

可持續旅遊是一種對未來負責的旅遊方式。它提醒我們，作為地球上的一份子，我們應當尊重自然和人文，並努力使我們的旅行對這個世界產生積極的影響。讓我們一起踏上這條旅程，為了一個更美好、更可持續的明天。

圖III.07「3W-CoSeed框架提示」產生的「介紹永續旅遊好處的短文」

再來，我們看看一些常見的框架提示，它們各有各的長處，而最後我們會發現，其實所有的框架提示都包含在3W-CoSeed裡面。

≫ 常見的框架提示

常見的框架提示通常包括一些固定的提示要素，下面我們來看一些流行的框架提示範例。

1 RTF框架提示

一個很簡單的提示框架是RTF（Role、Task、Format）。它是許多剛接觸ChatGPT的人常使用的框架提示。

Role（角色）	指派ChatGPT角色。
Task（任務）	分派ChatGPT執行的任務。
Format（格式）	規定回答的格式。

提示例子

「你是一位有20年經驗的中菜大廚【Role角色】，請提供我4道菜的菜單（包括開胃菜，湯，兩個主菜）【Task任務】，請將他們做成表格【Format格式】。」

You

你是一位有20年經驗的中菜大廚，請提供我4道菜的菜單（包括開胃菜，湯，兩個主菜），請將他們做個表格。謝謝。

ChatGPT

作為一位有20年經驗的中菜大廚，我為您精心準備了以下菜單，包含開胃菜、湯品和兩個主菜，以表格形式呈現：

類別	菜品名稱	描述
開胃菜	涼拌黃瓜條	使用脆嫩的黃瓜條，加上蒜末、醋、鹽、少許糖和辣椒油調味，清爽開胃。
湯品	銀耳蓮子羹	精選銀耳和蓮子慢煮至入味，湯汁濃郁，具有滋養養顏的功效。
主菜1	家常豆腐	選用嫩豆腐，配以豆瓣醬、蔥、薑、蒜炒製，醬香濃郁，口感滑嫩。
主菜2	清蒸鱸魚	新鮮鱸魚經過細心清蒸，上桌前淋上熱油，魚肉細嫩，保留了最原始的海鮮鮮味。

圖III.08 RTF提示例子，四道中菜

分析

RTF要素（左邊）和3W-CoSeed的成分要素（右邊）比較如下：

▶ Role（角色）= Who（角色）
▶ Task（任務）= What（任務）
▶ Format（格式）= CoSeed（輸出格式）

所以RTF是包含在3W-CoSeed框架裡面的子集（Sub-set）。

在RTF架構上，視需要還可以加上3W-CoSeed裡的其他要素，使回答更符合要求。

2 TAG框架提示

Tag（Task、Action、Goal）也是一個簡單好用的提示框架：

Task（任務）	分派給ChatGPT執行的任務。
Action（行動）	指定ChatGPT採取的行動。
Goal（目標）	要求達到的目標。

提示例子

「提升品牌在Instagram上的可視性和受眾互動【Task任務】。實施一個主題挑戰活動，鼓勵用戶在使用我們的運動裝備進行戶外活動時，拍攝和分享他們的照片或影片。
參與者需要使用我們為此活動建立的特定標籤，並標註我們的官方Instagram帳號【Action行動】。在接下來的三個月內，達到將品牌的Instagram知名度提高30%，以及提升用戶參與度和內容分享的數量到兩倍【Goal目標】。」

 You

-任務（TASK）：提升品牌在Instagram上的可視性和受眾互動。
-行動（ACTION）：實施一個主題挑戰活動，鼓勵用戶在使用我們的運動裝備進行戶外活動時，拍攝和分享他們的照片或視頻。參與者需要使用我們為此活動創建的特定標籤，並標記我們的官方Instagram賬號。
-目標（GOAL）：在接下來的三個月內，達到將品牌的Instagram可視性提高30%，用戶參與度和內容分享的數量增加雙倍。

ChatGPT

為了提升品牌在Instagram上的可視性和受眾互動，以下是一個主題挑戰活動的三個步驟計劃：

1. **啟動宣傳**：首先，在品牌的Instagram賬號發布一系列吸引人的預告帖子和故事，宣布即將開始的挑戰活動。用簡短而精彩的內容告訴大家活動的目的和如何參與，強調使用特定標籤和標記官方賬號的重要性。這些帖子應該包含活動的名稱、開始和結束日期。

2. **鼓勵參與和分享**：當活動開始後，積極互動與參與者，如點贊、評論和分享用戶的帖子。這不僅增加了用戶的參與感，也激勵更多人參與。同時，舉辦幾場直播，邀請參與者分享他們的經歷和心得，增加活動的互動性和參與度。

3. **結果展示和獎勵**：活動結束後，選擇一些最具創意和影響力的帖子，在官方賬號上進行展示，並給予獎勵，如免費產品或獨家折扣。這不僅表彰了勝出者，也鼓勵了社群中的其他成員在未來參與類似活動。

通過這三個步驟，可以有效地提升品牌的可視性和受眾互動，達到預定的目標。

圖III.09 TAG提示例子，實施一個主題挑戰活動

分析

TAG的成分要素和3W-CoSeed的要素比較如下：

▶ Task（任務）= What（任務）
▶ Action（動作）= What（任務/行動）
▶ Goal（目標）= What（任務/目標）

TAG基本上就是給ChatGPT指定一項任務，包含了動作和目標。

TAG也是包含在3W-CoSeed框架裡面的子集。

3 CARE框架

CARE框架有4個成分：Context、Action、Result、Example。

Context（情境）	給一些背景資訊。例如，要它寫文章的話，先介紹主題。
Action（動作）	指定ChatGPT採取的行動。
Result（結果）	要求達到的目標。
Example（例子）	給一個例子以供ChatGPT參考或模仿。

提示例子

「我們是一家小型書店，希望增加顧客流量和銷售量，特別是希望吸引更多的年輕讀者【Context情境】。

請設計一個社群媒體活動【Action動作】。目標是在活動結束後的一個月內，將書店的顧客流量和銷售量提高10%，同時增加書店在年輕讀者中的知名度和吸引力【Result結果】。一個成功的例子是OO社區圖書館舉辦的「夏日閱讀挑戰賽」，通過鼓勵讀者在暑假期間閱讀並分享書評，成功地提高了參與度和借閱率。【Example例子】」

You

-我們是一家小型書店希望增加顧客流量和銷售量，特別是希望吸引更多的年輕讀者。

-請設計一個社交媒體活動。

目標是在活動結束後一個月內，將書店的顧客流量和銷售量提高10%，同時增加書店在年輕讀者中的知名度和吸引力。

-一個成功的例子是某個社區圖書館舉辦的"夏日閱讀挑戰"，通過鼓勵讀者在暑假期間閱讀並分享書評，成功地提高了參與度和借閱率。

ChatGPT

為提升小型書店顧客流量和銷售量，特別是吸引年輕讀者，設計一個為期一個月的社交媒體活動"#閱讀新視界挑戰"，目標是一個月後提升10%的流量和銷售，同時提高年輕群體的關注度。

活動概要：

1. 挑戰活動：

- **啟動#閱讀新視界挑戰**：鼓勵年輕人分享閱讀體驗和心得，使用#閱讀新視界挑戰標籤並標註書店。
- **專題內容**：發布閱讀清單、書評視頻等吸引參與的內容。

2. 合作與營銷：

- **學校合作**：與學校合作舉辦閱讀會。
- **社交媒體影響者**：邀請影響者分享閱讀清單，提及書店。

3. 獎勵機制：

- **設立獎品**：為創意書評和分享設立獎品，如書店禮券。
- **提供折扣**：參與者享受特定書籍折扣。

4. 社區參與：

- **閱讀分享會**：舉辦分享會，邀請參與者分享閱讀體驗。
- **文化機構合作**：與博物館、畫廊合作舉辦活動。

活動評估：

- 通過追蹤社交媒體活動的參與度（如點讚、分享和評論數量）以及實際的顧客流量和銷售數據來評估活動效果。

透過這個緊湊而精緻的活動計劃，旨在快速提升書店在年輕讀者中的吸引力，並實現顧客流量和銷售量的增長目標。

圖III.10 CARE提示例子，實施一個主題挑戰活動

分析

CARE的要素和3W-CoSeed的要素比較如下：

▸ Context（情境）= Where（情境）
▸ Action（動作）= What（任務/動作）
▸ Result（結果）= What（任務/目標）
▸ Example（例子）= CoSeed（例子）

CARE基本上就是為ChatGPT指定一項任務的動作和目標，然後給出情境和一個例子。從上面的分析可以看出，CARE也是包含在3W-CoSeed框架裡面的一個子集。

4 ICIO框架

這個框架簡單好用，只有四大要素Instruction、Context、Input、Output。是DAIR.AI的Elvis Saravia提出的。

它特別好記，你把ChatGPT想成一個黑盒子，一邊是Input，另一邊是Output。只要送進Instruction和Context就可以了。

Instruction（指導）	你要ChatGPT做什麼，例如進行語言翻譯，或者寫創意內容。
Context（情境）	給ChatGPT一些背景資訊，例如，要它寫文章就先點出主題。

Input（輸入）	ChatGPT需要的原始數據，例如，要翻譯文章，就給它原文。
Output（輸出）	告訴ChatGPT你期待的結果，例如「結果請以文字表示」。

提示例子

「請提供有關比特幣基本原理的150字簡介【Instruction指導】。比特幣是一種數字貨幣，由一個匿名人士或一群人在2008年發明，它不受中央機構控制，通過分佈式帳本技術一區塊鏈來記錄交易【Context情境】。這個例子不需要輸入數據【Input輸入】。請用中文簡短描述【Output（輸出）】。」

 You

請提供有關比特幣基本原理的150字簡介。
比特幣是一種數字貨幣，由一個匿名人士或一群人在2008年發明，它不受中央機構控制，通過分布式帳本技術——區塊鏈來記錄交易。
沒有輸入數據。
請用中文簡短描述。

✏️

 ChatGPT

比特幣是一種於2008年由匿名人士或團體「中本聰」創建的數字貨幣。它獨立於中央銀行或政府，通過一種稱為區塊鏈的分布式帳本技術來運行，該技術能夠在無需中介機構的情況下安全記錄所有交易。比特幣的創新之處在於它提供了一種去中心化的支付方式，使用者可以直接進行交易，而交易的驗證和新比特幣的創建則通過一種稱為挖礦的過程實現，該過程涉及解決複雜的計算問題以維護網絡的安全和共識。

圖III.11 ICIO提示例子比特幣簡介

分析

ICIO的成分要素和3W-CoSeed的要素比較如下：
▶ Instruction（指導）= What（任務/動作）
▶ Context（情境）= Where（情境）
▶ Input（輸入）= What（任務/輸入）
▶ Output（輸出）= CoSeed（輸出）

ICIO基本上就是為ChatGPT指定了任務，給情境、給輸入，然後定下輸出的格式。從分析中可以清楚得知ICIO也是包含在3W-CoSeed框架裡面的子集。

5 CRISPE框架

另一個常用的框架是CRISPE框架，是Matt Nigh在GitHub上提出的。包含有6大要素：Capacity、Role、Insight、Statement、Personality、Experiment。

Capacity（能力）	是ChatGPT扮演角色所擁有的能力，是角色的一部分。
Role（角色）	讓ChatGPT扮演的角色，如作家、廚師，或是AI專家。
Insight（洞察）	ChatGPT需要的背景資訊和情境。

Statement（聲明）	想讓ChatGPT完成的具體任務。
Personality（個性）	期望ChatGPT以何種風格或方式來回答你的請求。
Experiment（實驗）	要求ChatGPT提供多個答案。

提示例子

「想像自己是智慧城市解決方案的專家【能力Capacity】和未來城市規劃部落格的主筆【角色Role】。讀者是城市規劃師、政策制定者和對城市創新感興趣的公眾【洞察Insight】。探討物聯網（IoT）、大數據分析和自動化技術如何轉型為城市管理，提高居民生活質量並實現環境永續性【聲明Statement】。

參考Jennifer Pahlka對於公民參與的重視【個性Personality】。

介紹一個城市的交通流量管理系統如何利用AI預測和優化交通流量，減少擁堵和污染【實驗Experiment】。」

You
-想像自己是智能城市解決方案的專家。
-未來城市規劃博客的主筆。
-讀者是城市規劃師、政策制定者和對城市創新感興趣的公眾。
-探討物聯網（IoT）、大數據分析和自動化技術如何轉型城市管理，提高居民生活質量並實現環境可持續性。
-參考Jennifer Pahlka對於公民參與的重視。
-介紹一個城市的交通流量管理系統如何利用AI預測和優化交通流，減少擁堵和污染。

ChatGPT
作為智能城市解決方案專家，我探討了物聯網（IoT）、大數據和自動化技術如何革新城市管理，旨在提升居民生活質量與環境可持續性。我們關注的是城市規劃師、政策制定者和對創新技術感興趣的公眾。

本文突出一個案例，展示城市如何利用AI預測和優化交通流，減少擁堵和污染。通過分析來自道路感應器和攝像頭的數據，機器學習算法能預測交通變化，使管理者能調整交通信號或提供路徑建議，提高交通效率並降低環境影響。

參考Jennifer Pahlka對公民參與的重視，此案例還顯示如何透過公眾參與提高項目成功率。公民可透過應用提供反饋，參與決策過程，增強透明度和政府合作。

這個例子證明，技術創新結合公民參與可使智能城市願景成真。未來城市將更智能地管理資源，提供高效環保的服務，創造宜居環境。

圖III.12 CRISPE框架提示利用AI預測和優化交通流量

分析

CRSIPE的成分要素和3W-CoSeed的要素比較如下：

▶ Capacity（能力）= Who（角色），定義角色的能力
▶ Role（角色）= Who（角色）
▶ Insight（洞察）= Where（情境）
▶ Statement（聲明）=What（任務）
▶ Personality（個性）=CoSeed（EQ）
▶ Experiment（實驗）=CoSeed（輸出）

CRISPE基本上就是給ChatGPT角色、情境和任務，然後再加上情感和輸出。

從分析來看，CRISPE也包含在3W-CoSeed框架裡，也屬於其中一個子集。

綜觀起來，這些框架提示使用了不同的英文來湊成縮寫字母，讓它好記。例如用Format來代替Output；用Instruction來代表Action。然後縮寫就成了好記的CRISPE（乾脆的）。

看到這裡，大家有沒有發現，其實所有的框架提示都超不出我們前面所講的3W-CoSeed的9個構成要素。

大家可以直接使用這些框架提示，而且在這些框架之上，視自己的需要還可以加上CoSeed裡的其他元素，讓ChatGPT的回答更符合需求。

小結

❖ 框架提示就是一組已經定義好的提示框架，只要你調整一下細節就可以在不同情境中重複使用。是利用已經「可行」的框架來簡化提示開發的過程。

❖ 第9章說明的3個核心要素和6個輔助要素本身就是一個框架提示，叫做3W-CoSeed。

❖ 詳細介紹了一些框架：RTF、TAG、CARE、ICIO、CRISPE。

❖ 所有常見框架提示包含的提示要素都跳脫不出3W-CoSeed提示框架。大家可以在這些框架之上，視個人需要加上CoSeed裡的其他元素，讓ChatGPT的回答更符合要求。

❖ 牢記並善用三核心要素（WWW+GIA）和六輔助要素（Co-Seed），你就可以設計出任何市面上能找到的框架提示。

11
CHAPTER

應用及練習(一)

以下是更多的常用框架提示，將他們整理出來，供大家做應用的例子及練習。

我會用幾個框架提示來示範它們在商務和職場上的應用，大家可以參考這些例子來學習如何使用框架提示。這些例子還可以依照自己的不同需求、不同應用情境來修改使用。

最重要的，我會留下幾個框架提示做為練習，大家可以仿照我的說明步驟，讓ChatGPT「幫你」產生利用這個框架的提示。

這裡的應用及練習(一)聚焦在商務和職場上的應用，有六個例子：產品開發計劃和策略、行銷策略、市場營銷計劃和策略、內容策略計劃、搜索引擎優化及第一方資料收集和使用。

後面一章應用及練習(二)則會探討框架提示在生活上的應用。

1 RACE — Role、Action、Context、Expectation

要素	要素形容	對應的 3W-CoSeed要素
Role （角色）	設定ChatGPT 的角色	Who（角色）
Action （動作）	要完成的工作 或活動	What（任務／行動）

要素	要素形容	對應的 3W-CoSeed要素
Context （情境）	提供情境 或背景資訊	Where（情境）
Expectation （預期）	預期的結果	What（任務／目標）

應用：產品開發計劃和詳細策略

提示：

「你是一位產品設計工程師，負責開發和設計產品。你的職責包括了解市場需求、創造創新解決方案、以及與不同部門合作以確保產品成功推出【角色】。

請提供一個計劃和詳細策略來應對市場的變化和挑戰。策略包括了解客戶需求、進行市場分析、與設計團隊合作開發新產品，以及定期評估和調整產品設計以滿足市場需求【動作】。企業需要不斷尋求創新和改進來保持競爭優勢。其中，產品設計工程師扮演關鍵角色，負責開發和設計符合市場需求的產品，並確保產品的品質和性能達到最佳水準【情境】。你的創意和技術專業知識能夠為企業帶來更多市場額度和競爭優勢，並實現產品的商業成功【預期】。」

請自行把這個提示輸入ChatGPT來看它生成的結果。

2 APE — Action、Purpose、Expectation

要素	要素形容	對應的 3W-CoSeed要素
Action （動作）	要完成的工作 或活動	What（任務/行動）
Purpose （目的）	目標或意圖	What（任務/目標）
Expectation （預期）	期望的結果	What（任務/目標）

應用：行銷策略
提示：

> 「請設計一項內容行銷計畫，針對我們新推出的可生物分解
> 的餐具【動作】。我們的目標是希望在關心永續發展的群眾
> 中引起迴響，提高他們對於永續議題的認知與熱情【目的】。
> 該計畫應該能夠吸引我們的目標受眾，建立良好的品牌形
> 象，同時預期能夠至少提高30%的預訂量【預期】。」

請自行把這個提示輸入ChatGPT來看它生成的結果。

3 ERA — Expectation、Role、Action

要素	要素形容	對應的 3W-CoSeed要素
Expectation （期望）	期望的結果	Where（任務/目標）
Role （角色）	設定ChatGPT 的角色	Who（角色）
Action （動作）	要完成的工作 或活動	What（任務/行動）

應用：市場營銷計劃和詳細策略

提示：

> 「我們期望將我們的LINE行銷效果提升20%【期望】。你是市場部門的負責人，負責設計和執行成功的市場營銷策略【角色】。提供一份計劃和詳細策略，根據分析來優化我們LINE行銷的主題、內容和發送時間安排【動作】。」

請自行把這個提示輸入ChatGPT來看它生成的結果。

4 RISE — Role、Input、Steps、Expectation

要素	要素形容	對應的 3W-CoSeed要素
Role （角色）	設定ChatGPT 的角色	Who（角色）
Input （輸入）	目標受眾的 詳細信息	What（任務/輸入）
Steps （步驟）	需要採取的步驟	What（任務/行動）
Expectation （預期）	期望的結果	What（任務/目標）

應用：內容策略計劃

提示：

> 「假設你是一位官網小編，工作是開發與觀眾產生共鳴的內容【角色】。我已經收集了有關我們目標受眾的詳細信息，包括他們的興趣、需求，以及與我們行業相關的常見問題【輸入】。請提供一個逐步的內容策略計劃，根據我們對目標受眾的了解，確定關鍵話題、創建編輯日曆，並起草引人入勝的內容，以配合我們的品牌訊息【步驟】。預期結果是將我們網站每月的訪客數增加40%，並提升我們品牌在行業中的地位，成為關鍵意見領袖【預期】。」

請自行把這個提示輸入ChatGPT來看它生成的結果。

5 **CTF** — Context、Task、Format

要素	要素形容	對應的 3W-CoSeed要素
Context （情境）	提供情境 或背景資訊	Where（情境）
Task （任務）	需要執行或 完成的任務	What（任務）
Format （格式）	輸出的方式 或格式	CoSeed（輸出）

應用：搜索引擎優化（Search Engine Optimization, SEO）
提示：

> 「在當今網路時代，搜索引擎優化（SEO）策略可以增加網站的曝光度，提升品牌知名度，並帶來更多的流量和業務機會【情境】。請提供一份詳細的指南，介紹如何進行搜索引擎優化，包括但不限於以下方面：關鍵字研究、內容優化、技術優化、外部連結、監測和優化【任務】。請提供一份結構清晰的說明書，包括詳細的步驟和實用的技巧，以及相關的示例和案例分析【格式】。」

請自行把這個提示輸入ChatGPT來看它生成的結果。

6 COAST —— Context、Objective、Action、Scenario、Task

要素	要素形容	對應的 3W-CoSeed要素
Context （情境）	提供情境或 背景資訊	Where（情境）
Objective （目的）	預期的目標	What（任務/目標）
Action （動作）	要完成的 工作或活動	What（任務/行動）
Scenario （設想）	提供可能的情境	Where（情境）
Task （任務）	需要執行或 完成的任務	What（任務）

應用：第一方數據收集和使用

提示：

「隨著個資法出現，將第三方數據用於營銷上已經越來越受限【情境】。

我們的目標是調整策略，更注重第一方數據的收集和利用【目的】。在我們的平台上建立高效率的數據收集框架，以利使用【動作】。

下個月我們將要推出新產品系列【設想也算是情境】。

為即將開展的市場營銷活動制定詳細的第一方數據收集和使用計劃【任務】。」

請自行把這個提示輸入ChatGPT來看它生成的結果。

7 ROSES —— Role、Objective、Scenario、Expected Solution、Steps

要素	要素形容	對應的 3W-CoSeed要素
Role （角色）	設定ChatGPT 的角色	Who （角色）
Objective （目的）	預期的目標	What （任務/目標）
Scenario （設想）	提供可能的情境	Where （情境）
Expected Solution （預期結果）	期望的結果	What （任務/目標）
Steps （步驟）	需要採取的步驟	What （任務/行動）

練習

讓我們來試一個新方式，讓ChatGPT用上面的ROSES框架幫忙設計一個提示吧！（嘿嘿，是不是有點作弊？）

請用下面的提示詢問ChatGPT，看它幫你設計的提示是什麼樣子的。

提示：

> 「你是一位提示設計工程師（prompt design engineer），請你根據這五個要素：角色、目的、設想、預期結果、步驟，設計一個在『商業應用』上的提示（prompt）。開始的時候寫出這是什麼商業應用，並標記出每個要素的對應部分。」

這是一個非常有用的方法，直接讓ChatGPT根據你的要求條件產出提示。

8 TRACI prompt — Task、Role、Audience、Create、Intent

要素	要素形容	對應的 3W-CoSeed要素
Task （任務）	需要執行或完成的任務	What （任務）
Role （角色）	設定ChatGPT的角色	Who （角色）

要素	要素形容	對應的 3W-CoSeed要素
Audience （使用者）	任務結果的使用者	Who （情境/使用者）
Create （創造）	採取行動來創造	What （任務/行動）
Intent （意圖）	目標或意圖	What （任務/目標）

練習

請照著使用框架7的提示設計方法來詢問ChatGPT。這次你可以自己設定應用的領域，只要把上面的「商業應用」改成你想要的領域就可以了。

9　RASCEF —— Role、Action、Steps、Context、Example、Format

要素	要素形容	對應的 3W-CoSeed要素
Role （角色）	設定ChatGPT的角色	Who （角色）
Action （動作）	要完成的工作或活動	What （任務/行動）

要素	要素形容	對應的 3W-CoSeed要素
Steps （步驟）	需要採取的步驟	What （任務/行動）
Context （情境）	提供情境或背景資訊	Where （情境）
Example （例子）	提供任務的例子	CoSeed （例子）
Format （格式）	輸出的方式或格式	CoSeed （輸出）

練習

請照著使用框架7的提示設計方法來詢問ChatGPT。這次你可以自己設定應用的領域，只要把上面的「商業應用」改成你想要的領域就可以了。

12
CHAPTER

基本思維提示

這一章要講的是在提示工程領域極具革命性的主題，包括「樣本提示」（shot prompting）和「思維鏈提示」（chain-of-thought prompting）。

「樣本」就是例子，前面談到提示的輔助要素CoSeed時，包含了提供「例子」（Example），這看起來好像只是一個輔助的元素，其實它的效力非常驚人。

樣本提示技術，就是給ChatGPT看一些例子，讓它能觀察這些例子而學習到特定的回應模式或解決問題的方法。但是這些例子也不是隨便就產生的，而是使用者經過縝密思考和精心設計後的結果。

思維鏈提示技術則是要求ChatGPT自己思考，然後展示從問題到答案的完整思考過程。就像是讓ChatGPT自學走迷宮。有了答案以後還要展示它走過的路徑。

「樣本提示」和「思維鏈提示」都是提高ChatGPT理解和回答複雜問題能力的策略。

「樣本提示」透過提供範例來教導ChatGPT理解問題的上下文和期望的回答格式；而「思維鏈提示」則引導ChatGPT進行連續的思考過程，明確展示如何一步步推理出答案。這種方法特別適用於需要複雜推理的問題，它要求ChatGPT展示其思考歷程的每一步，從而達到解決問題的最終目的。

兩者的目標一樣，都是讓ChatGPT變得更聰明，更懂得像人類一樣思考。

結論是，無論是樣本提示還是思維鏈提示，我們都在向ChatGPT傳授「思考」的藝術與技巧。所以把它們放在一起討論。

》樣本提示（Shot Prompting）

樣本提示包括了零樣本（Zero-Shot）、單一樣本（One-Shot）和少數樣本（Few-Shot）提示。

這套技術讓ChatGPT在沒有特定訓練的情況下，也能夠嘗試著完成任務。對於促進ChatGPT的創意、翻譯和問答能力來說，樣本提示技術尤為重要。

如下圖，零樣本提示就像給ChatGPT一個創意大挑戰，讓它在全新場景下創作或解答難題。例如創作新內容或回答抽象問題。

單一樣本提示像是給ChatGPT一個特定的主題以深度了解任務，比如參考某種翻譯文本的口吻或模仿某種寫作風格。

而少數樣本提示，則是讓AI在只有少量信息的情況下，做出精確的判斷，適用於高品質問答、適性推薦或深度分析。

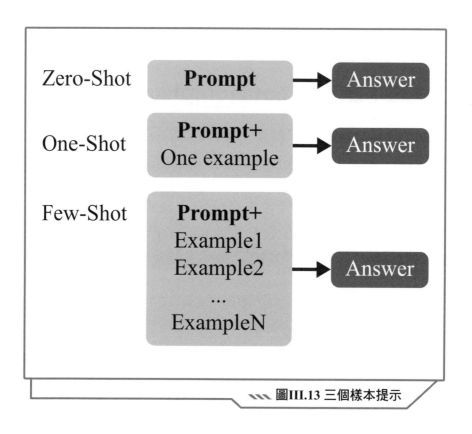

\\\ 圖III.13 三個樣本提示

1 零樣本提示（Zero-Shot Prompt）

零樣本提示是我們跟ChatGPT最直接的互動方式。當我們要求ChatGPT在沒有任何示例的情況下給出回應時，比如聊天，就是在使用零樣本提示。這通常是我們初次使用ChatGPT的起手式。

下面是兩個零樣本提示的例子，它們的提示直接顯示在圖中。

You
請從下文中摘取關鍵詞，並將其連續列出：
"光合作用是植物、藻類和某些細菌利用的過程，通過這個過程將光能轉化為化學能。這一過程在葉綠體中進行，使用陽光、二氧化碳和水產生葡萄糖和氧氣作為副產品。"

ChatGPT
光合作用, 植物, 藻類, 細菌, 光能, 化學能, 葉綠體, 陽光, 二氧化碳, 水, 葡萄糖, 氧氣

圖III.14 零樣本例子摘取關鍵詞

You
請根據下文內容分類這是關於科技、教育還是旅遊。
文本: {最近發布的智慧手錶集成了最新的健康監測系統，包括心率監測、血氧測量和睡眠追蹤功能。此外，它還支持多種運動模式，讓使用者可以更好地追蹤自己的運動表現。}

ChatGPT
分類: 科技

圖III.15 零樣本例子文本分類

上面兩個例子中的提示裡，我們沒有提供任何例子，
這就是零樣本提示。

當使用零樣本提示無法得到滿意的答案時，就可以開
始在提示中提供例子。下面示範單一樣本提示。

2 單一樣本提示（One-Shot Prompt）

「單一樣本提示」是指在實際提示之前，先給ChatGPT
看一個與任務相關的例子。

提供一個例子或「樣本」，幫助ChatGPT了解預期的
回應格式或情境。ChatGPT會根據這個單一範例學習
並執行你交付的任務。

這方法特別適用於那些有特定格式或上下文需求的任
務，它比零樣本提示稍微複雜一點，但使用起來依然
簡便快捷，能讓ChatGPT的回應更聚焦且精準。

下面是兩個例子，它們的提示直接顯示在圖中。

You

請根據提供的食材（牛肉片、洋蔥、醬油）給出一個簡單食譜。

一樣本示範：

{食材：「雞胸肉、西蘭花、大蒜」

食譜：「蒜香炒雞胸配西蘭花：首先將雞胸肉切片，用大蒜、鹽和胡椒粉調味。熱油鍋中，先炒香大蒜，再加入雞胸肉翻炒至熟，最後加入西蘭花快速翻炒，即可出鍋。」}

ChatGPT

食材：「牛肉片、洋蔥、醬油」

食譜：「洋蔥炒牛肉：首先將牛肉片用醬油、少許糖和胡椒粉醃製約15分鐘。洋蔥切絲備用。熱鍋後加入適量的油，將洋蔥絲炒至透明，取出留置一旁。同一鍋中加熱，將醃好的牛肉片快速翻炒至肉色變淺。最後，將炒好的洋蔥重新加入鍋中，與牛肉快速翻炒均勻，根據個人口味調整鹽份，即可出鍋。」

圖III.16 一樣本提示食材的食譜

You

請給我一篇關於遠端工作未來趨勢的150字文章摘要。

一樣本示範：

{原文：「全球暖化是由於溫室氣體排放導致地球溫度上升的現象，這對自然環境和人類社會都有深遠的影響。」摘要：「全球暖化是地球溫度上升的現象，對環境和社會有重大影響。」}

ChatGPT

遠端工作，作為現代工作形態的一種創新，預期將在未來幾年內持續增長，徹底改變傳統辦公室文化。這種模式不僅提升了工作效率與員工滿意度，也促進了工作與生活的平衡。隨著技術的進步和疫情的影響，越來越多的企業開始實施靈活的遠端工作政策，這對於吸引和保留人才顯得尤為重要。未來，遠端工作將更加注重技術整合、團隊協作和員工福利，預計將成為多數行業的標準配置，形成一種新的工作常態。

圖III.17 單一樣本提示關於遠端工作

零樣本和單一樣本提示讓ChatGPT在沒有或只有一個例子下自我學習思考，但對於更複雜的任務，這可能不足以讓ChatGPT理解任務的全貌。

這時候我們可以嘗試增加例子的數目，也就是少數樣本提示（Few-Shot Prompting）。

3 少數樣本提示（Few-Shot Prompting）

少數樣本提示，簡單來說，就是提供ChatGPT一些例子（少量），讓它在特定上下文中學習。ChatGPT即使只獲得少量資訊也能有效學習並適應新任務，從而提高它的實用性和靈活度。

下面我們來看兩個例子，它們的提示直接顯示在圖中。

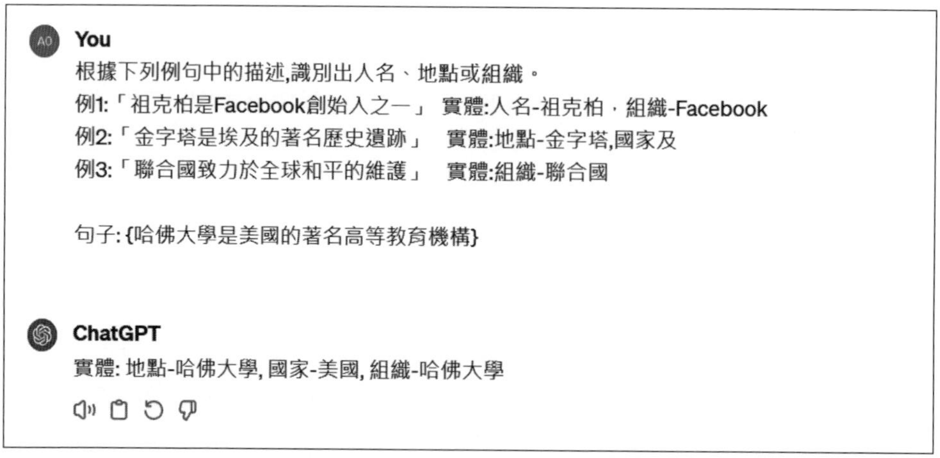

圖III.18 少數樣本提示，判別實體

You
請根據下列問題和答案，建議和解決一個新問題。
例1，問題：「我怎樣才能提高我的英語水平？」答案：「你可以通過閱讀英文書籍、看英語電影和參加語言交換活動來提高英語水平。」
例2，問題：「手機電池很快就耗盡，該怎麼辦？」答案：「嘗試減少後台應用程序的運行、降低屏幕亮度，在不使用時關閉藍牙和Wi-Fi。」
例3，問題：「如何在家中種植蕃茄？」答案：「選擇一個陽光充足的地方，使用肥沃的土壤和足夠的水分，定期照料植物。」

問題：{你的問題} 答案：

ChatGPT
問題：「我如何減輕工作壓力？」答案：「你可以嘗試定期運動、保持足夠的休息和睡眠、學習時間管理技巧，並嘗試冥想或瑜伽來放鬆心情。同時，與家人和朋友保持良好的社交互動也有助於減輕壓力。」

圖III.19 少數樣本提示關於解決問題

圖III.19這個例子，ChatGPT看了例子就學會了自己創造問題並且回答。

少數樣本提示給ChatGPT帶來執行特定任務的新方法，同時也帶來挑戰。

樣本的品質和代表性是關鍵——不夠好的樣本可能導致錯誤學習。就像只教廚師做美式漢堡，他怎能成為中式料理高手？ChatGPT也可能因為樣本不足變得「偏食」，只擅長處理那些它已經見過的情況。

總之，少數樣本提示是個好工具，但要用得好，就要像照顧一個挑食的孩子，要有耐心、有智慧的設計出好的例子，循循善誘。

此外，我們也好奇ChatGPT是如何思考並給出答案的，但是讓它解釋整個思考的過程，有時候比讓它給出答案還要困難，所以引出了「思維鏈提示」的概念。

》思維鏈提示（Chain-of-Thought Prompting）

有一件事情很有意思，我們都覺得ChatGPT很厲害，它的能力看似無窮盡，能回答各式各樣的問題，還能處理複雜的邏輯。然而，ChatGPT到底是如何進行「思維」的？

ChatGPT的「思維」方式和人類不一樣，它是基於機器演算法，通過分析和學習大量數據來識別模式、做出預測或解釋訊息。這意味著ChatGPT的「理解」實際上是對數據進行統計分析得出的結果，並非真正的「認知」歷程。

這也就是說，ChatGPT的決策過程對我們來說像一個黑盒子，雖然我們可以控制輸入的數據和觀察輸出的結果，但看不見ChatGPT內部是如何運作並處理這些訊息的。

「思維鏈」提示就是處理黑盒問題的進階技術，要求ChatGPT不僅給出答案，還要一步一步的展示思考過程。這項技術特

別適合需要逐步解答的複雜問題，使ChatGPT的回應透明易懂，非常適合教育用途。

思維鏈提示是樣本提示的進階版，透過引導ChatGPT展示解答過程，增強ChatGPT對問題的處理能力，使答案更加清晰。

思維鏈提示的概念是Google的Jason Wei等人在《Chain-of-Thought Prompting Elicits Reasoning in Large Language Models》（思維鏈提示提升了大型語言模型中的推理能力）論文裡面所提出的。

該論文指出，思維鏈可以用來處理諸如數學文字題、常識性邏輯、符號操作等任務，原則上可以用來處理人類能藉由語言解決的任何任務。如果讓ChatGPT生成一系列的中間推理步驟，就能夠大幅度的提高ChatGPT進行複雜推理的能力。

思維鏈的緣起，是起初ChatGPT3.5在處理數學和邏輯問題時經常出錯。一個有名的例子是：

提示：

The cafeteria had 23 apples. If they used 20 to make lunch and bought 6 more, how many apples do they have?

（餐廳裡有23個蘋果，午餐用了20個，又買了6個，還有幾個？）

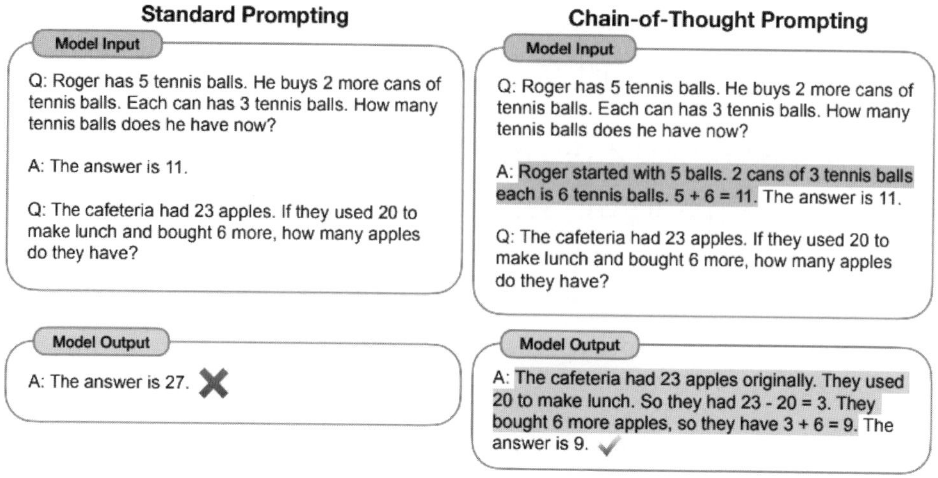

圖III.20 簡單數學例子：左邊是錯誤的答案，右邊是正確的

此圖取自Jason Wei等人的論文，左邊是給直接提示（Standard Prompting），右邊是給思維鏈提示（Chain-of-Thought Prompting），兩個提示的開頭都給了一個關於tennis balls Q/A的樣本。

左邊顯示這樣簡單的計算題，ChatGPT都會算錯。但是右邊中間的灰底部分（樣本中的回答）則提供ChatGPT一個思維鏈例子，給了它例子參考以後就得到了正確答案。

隨著ChatGPT數學和推理能力的進展和ChatGPT4的出現，現在這類的數學題已經不是問題了（如下圖）。

所以我再問ChatGPT，是否還需要提醒它要執行思維鏈。基本上它說它已經學會了思維鏈思考，但是有時候還是再提醒它一下更好。

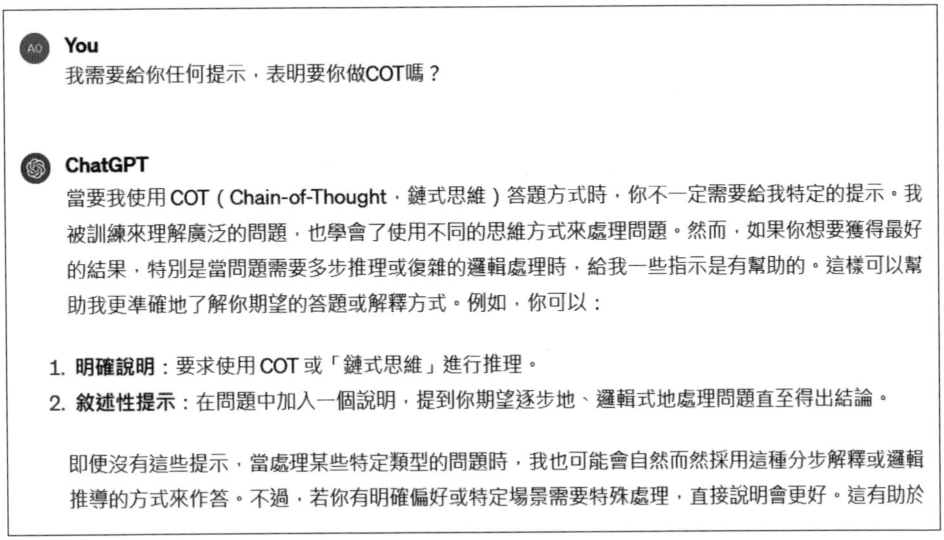

You
我需要給你任何提示，表明要你做COT嗎？

ChatGPT
當要我使用 COT（Chain-of-Thought，鏈式思維）答題方式時，你不一定需要給我特定的提示。我被訓練來理解廣泛的問題，也學會了使用不同的思維方式來處理問題。然而，如果你想要獲得最好的結果，特別是當問題需要多步推理或複雜的邏輯處理時，給我一些指示是有幫助的。這樣可以幫助我更準確地了解你期望的答題或解釋方式。例如，你可以：

1. **明確說明**：要求使用 COT 或「鏈式思維」進行推理。
2. **敘述性提示**：在問題中加入一個說明，提到你期望逐步地、邏輯式地處理問題直至得出結論。

即便沒有這些提示，當處理某些特定類型的問題時，我也可能會自然而然採用這種分步解釋或邏輯推導的方式來作答。不過，若你有明確偏好或特定場景需要特殊處理，直接說明會更好。這有助於

圖III.21 ChatGPT已經可自行用思維鏈解決問題

怎麼提醒它？其實只要在提示裡面要加一句：「請一步一步思考（咒語）Let's think step by step.」、「請以思維鏈技巧」或「請展示你的計算過程」就可以了。

現在我以上面的蘋果問題來問ChatGPT3.5，它的答案是正確的，而且還自動展示了它計算的過程。但是我有時候還是會在提示裡加一句「請一步一步思考」，得到的結果往往是比較精確的。

對開發者而言，它是強大的除錯工具，可以減少ChatGPT的幻覺。讓ChatGPT解釋其思考過程同時也可以幫助辨別和修正錯誤，提升ChatGPT的精準度。

隨著ChatGPT的應用增加，能夠信賴並理解ChatGPT的決策至關重要。思維鏈要求ChatGPT闡述它的答案生成過程，使ChatGPT系統更透明、有責任感，最終更值得信賴。

下面是一個如何使用思維鏈的例子。ChatGPT的回答展示了它的思考過程和最後的結果。

提示：

「為客服專員的職位寫一份職位描述，因為篇幅原因，請精簡細項說明部分。請一步一步說明你的思考過程。」

ChatGPT
根據您的要求，我將以精簡的方式逐步構建客服專員職位描述：

1. **職位概述**：簡要介紹職位的核心職責和在組織中的作用。
2. **主要職責**：列舉關鍵任務和日常工作，突出客戶服務的範疇。
3. **能力和技能要求**：明確必需的技能、知識和個人特質。
4. **教育和經驗要求**：指定教育背景和相關工作經驗的最低要求。
5. **特殊條件**：如有，提及任何特殊的工作條件或物理要求。

以下是依照上述步驟精簡的客服專員職位描述：

1. **職位概述**：負責提供卓越客戶服務，解決問題，維護公司形象。
2. **主要職責**：響應查詢，解決問題，記錄互動，改進服務。
3. **能力和技能要求**：溝通、團隊合作、壓力下工作、解決問題能力，電腦操作。
4. **教育和經驗要求**：高中畢業，1年相關經驗。
5. **特殊條件**：輪班工作，含週末和公假。

圖III.22 思維鏈例子擬定職位描述

我們再來看一個寫小說的例子，我們用「逐步思考」來達成任務。

You

我想寫一部短篇愛情小說，請你「逐步思考」如何完成這個任務。

ChatGPT

寫一部短篇愛情小說是一個創意且富有挑戰性的任務。我們可以按照以下步驟來進行：

1. 確定主題和基調

- **主題**：決定小說想要探討的愛情主題，如初戀、失戀、禁忌之愛、長距離戀愛等。
- **基調**：確定故事的基調和氛圍，比如是輕鬆幽默、悲傷感人、還是懸疑刺激。

2. 創建角色

- **主角**：創建一對或多對主要角色，確定他們的性格特徵、外貌描述和背景故事。
- **配角**：考慮是否需要配角來豐富故事情節，並設計他們的角色。

3. 構思情節

- **開頭**：設計一個吸引讀者的開頭，建立故事背景和主角的初步介紹。
- **發展**：構思中間的故事發展，包括主角之間的相遇、衝突、發展和轉折點。
- **高潮**：設計故事的高潮，是情節最為緊張和關鍵的部分，通常是主角面對的最大挑戰。
- **結局**：考慮一個令人滿意的結局，無論是甜蜜的、開放的還是悲傷的。

4. 寫作和修訂

- **草稿**：開始根據上述構思撰寫故事的草稿。
- **修訂**：完成初稿後，進行多次修訂，可以包括語句的流暢性、情節的合理性、角色的深度等方面。

5. 反饋和再次修訂

- **尋求反饋**：將故事草稿給朋友或寫作小組看，聽取他們的意見和建議。
- **再次修訂**：根據反饋進行最後的修訂，改進故事的各個方面。

6. 完成和發布

- 確認故事的最終版本，並考慮適合的發布渠道，如自我出版、在線平台發布等。

這是一個基本的框架，您可以根據自己的創意和喜好進行調整。您有想要探討的特定主題或故事構思嗎？

◁⑴ ⬚ ↻ ⬚

圖III.23 以思維鏈提示寫小說

大步驟出來了，接著我們就可以讓ChatGPT把每個步驟一步步的做出來，最後總合起來變成一本完整的小說。

總之，思維鏈提示讓我們對ChatGPT和我們自己的思考過程都能有更深入的了解。

思維鏈提示能帶來巨大的好處，但卻不是萬能鑰匙。我們人類應該要有智慧地運用逐步思考，學會這種分解步驟的方法，在運用生成式AI時能靈活使用。

小 結

❖ 這一章講的是在生成式AI領域極具革命性的主題:「樣本提示」和「思維鏈提示」。

❖ 提示輔助要素CoSeed裡「例子」的效力非常驚人,直接延伸出「樣本提示」。

❖ 樣本提示技術,就是給ChatGPT看一些例子,讓它能藉由觀察例子而學到特定的回應模式和解決問題的方法。例子是使用者經過縝密思考和精心設計後的結果。

❖ 樣本提示包括零樣本(Zero-Shot)、單一樣本(One-Shot)和少數樣本(Few-Shot)提示。

❖ 「思維鏈」要求模型不僅給出答案,還要一步步的展示它的思考過程。這項技術特別適合解決需要逐步解答的複雜問題,使模型的回應透明易懂。

❖ 執行思維鏈提示有時候只要加一句:「一步一步思考(咒語)」或「請展示你的計算過程」就可以了。

❖ 思維鏈提示讓我們對ChatGPT有更深入的了解。我們應該學會把這種分解步驟的方法,在運用生成式AI時靈活使用。

13
CHAPTER

應用及練習(二)

學完了「基本提示」，我們要怎麼應用它們來設計有效的提示呢？

我找到一些在ChatGPT入門書上常見的提示。之前第11章的應用及練習(一)裡面我們看了很多關於**市場營銷和策略的例子**，這裡收集的提示則是在生活上的應用。

基本上我把它分成：「飲食」、「購物」、「家居」、「運動」、「交通」、「旅遊」、「社交」這7類來討論。

但是直接使用這些提示所得到的結果卻不會讓我們太滿意。因為它們都不是很明確，所以答案就有點籠統。

所以我們要用學到的方法來改進這些提示，以「3W-CoSeed框架」、「樣本提示」或是「思維鏈提示」加以改善，使ChatGPT的回答更加精準與貼切。

七個單元裡，每個單元裡面有四個提示，我會示範如何調整前兩個提示，另外兩個則留給大家作為練習。

讀到這裡，你應該是對ChatGPT及各種提示已經有些了解，所以我就不印出ChatGPT對這些提示的實際答案了。大家可以把改進前和改進後的提示拿去問ChatGPT，再自行比較它們的差別，相信你會有很大的收穫。

≫ 飲食

1 美食顧問

提示：「請問台北市有什麼好吃的餐廳可以推薦？」

建議：這個提示的任務（Task）很明確，就是推薦餐廳，可是問題實在太簡單，讓我們用「**3W-CoSeed框架**」來改進它。問的人腦中一定有一個大概地點，或者他很喜歡某種菜系。所以我們可以我們把3W：who（角色）、where（情境）、what（任務）加進去，讓回答可以更貼近需求。

修改後提示

「你是一位熟悉台灣餐廳的美食家【角色】，我要在台北市大安區尋找好吃的意大利餐廳【情境】，請推薦三家符合要求的餐廳【任務】。」

2 美食做法

提示：「我正在計劃一個晚餐聚會，你能給我一些建議嗎？」

建議：這個提示的範圍太大，ChatGPT的回答絕對會不著邊際。

用「**3W-CoSeed框架**」，先放入who、where和what，然後晚餐聚會應該會有人數和預算的限制，加上如果最後的菜單是列表出來的也比較好看，所以修改如下。

修改後提示

「你是一位有20年經驗的中菜大廚【角色】，我正在計劃一個晚餐聚會【情境】，總共有10位賓客，預算是每個人1千元【限制】，請幫我設計三套不同的中菜食譜【任務】，然後幫我列表【輸出】。」

下面兩個提示留給大家作為練習：

* 「我對於素食飲食有興趣，你能給我一些素食食譜建議嗎？」

* 「我想嘗試一些異國料理，幫我找一些來自世界各地的美食食譜。」

》購物

1 購物咨詢

提示：「請提供如何實踐環保購物的策略，包括如何選擇永續產品、減少包裝浪費和支持環保品牌。」

建議：這個提示牽涉到策略，讓我們用「**思維鏈提示**」技術來改進這個提示。

修改後提示

「請『一步一步思考』【思維鏈】來提供給我實踐環保購物的策略，包括如何選擇永續產品、減少包裝浪費和支持環保品牌。」

註：大家先使用這個提示，看看ChatGPT的回答，然後把「一步一步思考」拿掉再問一次。比較這兩個不同的回答，你覺得哪一個比較好呢？

2 價格比較

提示：「說明如何有效利用消費者評論來進行購物比價，包括關於產品品質和價值的觀察。」

建議：其實這個提示已經相當清楚，但還是有提升的空間。也就是把提示限制在具體的產品，同時使用「**思維鏈技術**」來讓我們更好地理解如何應用這一策略。

修改後提示

「在購買技術產品如智慧手機時【限制】，請說明如何有效利用消費者評論來進行比價【任務】。包括分析如何辨別真實與不實的評論，以及不同評論網站的評論標準可能如何影響產品評價的解讀【行動】，從而獲得關於產品品質和價值的深入觀察【目標】。請『一步一步思考』【思維鏈】。」

註：大家先使用這個提示，看看ChatGPT的回答，然後把「一步一步思考」拿掉再問一次。比較這兩個不同的回答，你覺得哪一個比較好呢？

以下兩個提示留給大家作為練習：

＊「請比較在線上購物和實體購物的優缺點，包括方便性、價格、產品範圍和消費者體驗。」

＊「我正在尋找一台新電腦，你能幫我比價並找到最優惠的價格嗎？」

≫ 家居

1 家居設計

Q
A

提示：「我打算重新佈置我的客廳，你有任何建議或設計理念嗎？」

建議：這個提示也是需要改進，不然會循環多次才能生成讓你有滿意的答案。至少要給一些客廳的背景資料還有預算，我們用「**少數樣本提示技術**」來改進它。

修改後提示

「我打算重新佈置我的客廳【情境】，有15坪大，所有傢俱加上設計費的預算為30萬【限制】，我喜歡{例子1}和{例子2}的設計風格，請用創意將這兩個風格混搭來給我建議或設計理念。{例子1}=無印良品風格。{例子2}=北歐風。」

2 創意設計

提示：「我想要為我的孩子打造一個具有教育意義的遊戲室，你有任何建議或設計構思嗎？」

建議：可以用「**單一樣本提示**」技術來修改這個提示。

修改後提示

「我想要為我的孩子打造一個具有教育意義的遊戲室【情境】，我希望這個遊戲室跟{例子}的概念相似。我的孩子是男孩，現在7歲【角色】，你有任何建議或設計構思嗎【任務】？{例子}=美國舊金山探索者博物館的遊戲室（The Exploratorium's Tinkering Studio）【單一樣本例子】。」

以下兩個提示留給大家作為練習：

* 「我想要設置居家辦公空間，但是不確定該如何有效利用空間，你能給我一些建議嗎？」

* 「我打算辦一場家庭聚會，我需要一些關於佈置和擺設的建議，你能幫我嗎？」

≫ 運動

1 健康諮詢

Q **A** 提示：「我最近想開始一個健康的生活方式，你能給我一些建議嗎？」

建議：用「**3W-CoSeed框架**」，先指定ChatGPT扮演一個專業角色，同時健康生活方式跟年齡和性別也有關。再來，所謂「生活方式」太過廣泛，最好先限制在飲食上，然後再追問其他問題。

修改後提示

「你是一位具有20年經驗的健身教練【角色】，我是35歲的女性國小教師【角色】，我最近想開始一個健康的生活方式【情境】，你能在飲食方面給我一些建議嗎【任務】？」

2 健身提案

 提示：「我想要制定一個適合我健身目標的運動計劃，幫我提供一些建議？」

建議：和之前一樣，問題沒有焦點，回答也就不會聚焦。用「**3W-CoSeed框架**」來改進。

修改後提示

「你是一位著名的健康與營養專家【角色】。我今年36歲，男性，身高175，體重86公斤【角色】。我有扁平足的問題【限制】。我的目標是在1年內減重6公斤【目標】。請根據我提供的資訊，為我制定一套個性化的運動計畫，包括各個細節【任務】。並列出一份詳細的表格【輸出】。」

以下兩個提示留給大家作為練習：

* 「我想要開始跑步，但不確定如何開始，你有任何建議或訓練計劃嗎？」

* 「我想要了解更多關於健康生活和運動的知識，請告訴我一些有用的資訊或資源。」

≫ 交通

1 汽車選購

Q
A

提示：「我考慮買一輛車，幫我比較不同品牌和型號的優缺點。」

建議：這個提示非常容易理解，但只有指出需要比較不同品牌和型號的車輛，但卻沒有提及要比較哪些方面，如性能、價格、安全性等，可以用「**3W-CoSeed框架**」來改進。

修改後提示

「我考慮買一輛車，我主要用途是在市區內駕駛【情境】，我的預算大約在100萬台幣左右【限制】，請根據性能、價格、安全性、油耗和內部空間，幫我比較符合我的預算和使用需求的車子【任務】，比較結果請列表呈現【輸出】。」

2 保養建議

提示：「我想要了解更多關於汽車保養和維修的知識，請給我一些建議？」

建議：這個提示雖然容易理解，但是在具體性和可行性上都稍嫌不足，可以用「**3W-CoSeed框架**」來改進。同時，保養和維修是有先後次序的，所以可以加上「**思維鏈技術**」。

修改後提示

「我想要深入了解關於常見汽車保養和基本維修的知識【任務】，特別是對於我的Toyota Corolla 2020年款【限制】。請給我一些建議，包括定期檢查的項目和如何進行簡單的故障診斷和維修【任務】。我主要的目的是希望能自己處理一些基本問題，並在需要專業維修時，能更好地與技師溝通【目標】。請『一步一步思考』【思維鏈】。」

註：大家先使用這個提示，看看ChatGPT的回答，然後把「一步一步思考」拿掉再問一次。比較這兩個不同的回答，你覺得哪一個比較好呢？

以下兩個提示留給大家作為練習：

* 「我對於汽車市場上的新技術和智慧功能很好奇，你能幫我了解一些有關汽車科技的新資訊嗎？」

* 「我正在規計劃一次自駕出遊，但我不太熟悉目的地的道路，你能幫我提供一些導航和行車路線的建議嗎？」

》旅遊

1 旅遊建議

 提示:「我想要找一個適合家庭度假的度假勝地,你能幫我查詢一些適合的度假村或度假別墅嗎?」

建議:這個提示很清晰,容易理解,但是缺乏足夠的詳細訊息讓ChatGPT生成更具體的建議或創意解決方案。可以用「**3W-CoSeed框架**」來提高具體性、可操作性和啟發性。

修改後提示

「我想要找一個適合家庭度假的勝地【目標】,特別是對於有小孩(6歲和10歲)的家庭【情境】。我們偏好在歐洲或亞洲的度假勝地,預算大約在3000至4000美元【限制】,希望找到提供家庭親子活動(如游泳、探險活動和文化體驗)的度假村或度假別墅【目標】。幫我建議一些符合這些條件的選項【任務】。」

2 旅遊計劃

Q

A

提示：「我正在尋找一個靠近海灘的渡假勝地，請提供一些關於如何計劃度假的資訊。」

建議：這個提示指出渡假計劃的需求。可以用「**思維鏈技術**」加上3W-CoSeed的一些元素來幫助規劃。

修改後提示

「你是一位資深旅遊顧問【角色】，我正在尋找一個靠近海灘的渡假勝地【任務】，請幫我規劃這趟旅遊，包括：(1)選擇旅遊的地點；(2)行程；(3)預算。請『一步一步思考』【思維鏈】。

註：大家先使用這個提示，看看ChatGPT的回答，然後把「一步一步思考」拿掉再問一次。比較這兩個不同的回答，你覺得哪一個比較好呢？

以下兩個提示留給大家作為練習：

＊ 「我正在規劃一趟假期旅遊，但我不確定該怎麼打包行李，你能給我一些建議嗎？」

＊ 「我準備去一個新的城市旅行，但我不知道該如何安排行程和尋找當地的旅遊景點，你能給我一些旅遊資訊和建議嗎？」

≫ 社交

1 社交挑戰

提示：「我最近感覺自己在社交方面遇到一些困難，你能給我一些關於如何提高社交技巧和克服社交挑戰的建議嗎？」

建議：提示表達清晰，但是缺乏足夠的細節來制定聚焦的回答，可以用「3W-CoSeed框架」來改進這個提示。

修改後提示

「最近我發現自己在職場社交中遇到了困難，尤其是在團隊會議中發表意見時會感到非常緊張【情境】。我想要提高我的溝通技巧和自信，克服這些挑戰【目標】。你能給我一些建議嗎【任務】？我是一名30歲的軟件工程師，平時社交活動不是很頻繁【角色】，但希望能在職業生涯中建立更強的人際關係【目標】。」

2 社交與交友

提示：「我想要擴展我的社交圈，但我不知道該從何入手，你能給我一些建議嗎？」

建議：我們用「**3W-CoSeed框架**」和「**思維鏈技術**」一起來建立一個可以逐步執行的計劃。

修改後提示

「我想要擴展我的社交圈，認識更多與我擁有相同登山興趣的人【目標】。我住在台北市，希望能找到一些當地的社群或活動【情境】，但我不確定從哪裡開始。你能給我一些建議嗎【任務】？我的目標是在業餘時間結識新朋友，並通過共同的興趣建立持久的聯繫【目標】。請『逐步思考』【思維鏈】如何完成這個任務。」

註：請試試有和沒有『逐步思考』時，ChatGPT回答的差別。

以下兩個提示留給大家作為練習：

* 「我對於在職場或社交場合中的表現感到不安，你能給我一些關於如何建立自信和有效溝通的技巧嗎？」

* 「我希望能夠更好地理解社交互動的重要性，以及如何處理社交情境中的挑戰，你能給我提供一些相關的資訊和見解嗎？」

PART

IV

戰略篇

這本書基本上就是在介紹生成式AI的提示工程（Prompt Engineering）技術。我把它叫做提示兵法，因為我覺得它不止是技術，還是藝術。也就是它不止是戰術，也是戰略。

提示工程有三個階段：「基礎」、「基本」和「進階」。分別對應這本書的第II部分「原則」、第III部分「戰術」，和現在的第IV部分「戰略」。

在第III部分「戰術篇」裡面，我們深入探討了基本提示技術，特別介紹了兩種主要方法：框架提示和思維提示。這些方法都是使用易於遵循的公式，只需套用公式並根據具體情況進行調整，便可達到良好的效果。

在這第IV部分裡面，我們要討論提示的「戰略」。這裡所說的「戰略」，指的是我們人類在制高點全面思考戰略，制定計劃再讓ChatGPT來執行細節。

如果曾經花一些時間跟ChatGPT「合作」過的朋友應該會同意這件事：跟ChatGPT合作的經驗其實沒有想像中這麼順暢。它時不時會誤解我們的意思，會偷懶，還會擅作主張。

所以，即使現在ChatGPT的表現讓人驚豔，但是任務執行力呢？還是需要人類的指導與協助。這時候懂得用人類的強項來戰略思考佈局，分擔ChatGPT的工作，使用各種提示技術來引導它，協助它，就非常關鍵。

在戰略思考上，首要的策略就是「分解問題」。把複雜的任務（Task）分解成小的子任務（Sub-task），這樣能夠減少任務的複雜性、讓ChatGPT更容易理解、提高ChatGPT的專注度，並且針對子任務選擇最佳策略。

而且因為子任務的範圍較小，如果有錯誤的話，可以更直接地發現、診斷和解決。因此，這種分解任務的做法能夠有效提高成果的品質和執行的速度。

我在第II部第7章就講過「任務分解」的概念，當時我稱它為「任務執行原則」。分解的具體流程包括任務分解、子任務處理、審核和迭代（或完成）。

大家請牢記這四個階段，在這一部的進階提示技術裡，它們常常被用來幫助ChatGPT執行任務。這四個階段也不一定要合在一起使用，之後的許多例子裡也有示範各種分開使用的方法。

本部的第14章是展示ChatGPT能夠執行一些電腦常用的邏輯，接下來幾章裡的例子都會使用到這些邏輯。

第15到18章裡面介紹一些最新的進階提示技術。這些技術正在被大公司應用在大型語言模型的研發和增進效率上面。我介紹這些方法好讓大家了解如何將之應用到我們日常生活的問題上。

14
CHAPTER

執行邏輯

我們知道的電腦就像一個黑盒子，資料從一端輸入，經過內部設定的邏輯和計算程式處理後，從另一端輸出結果。

就像電腦程式語言一樣，提示也能執行邏輯和計算，這對進階提示的使用很有幫助。

ChatGPT能執行程式中的許多邏輯運算，包括執行迭代（反覆運算）、決定和函數。用提示執行這些邏輯運算，可以應用到各種場景。

》執行迭代（Iteration）

之前說過，有效果的提示常常是多次實測所得出的，這種多次循環的方式在軟體程式裡面叫做迭代（Iteration）。

跟ChatGPT交談的時候，不必要求完美，先用一個還可以的提示開始，經過審核和迭代，就可以找到有效的提示。這種提示技術的名字就叫做：「隨便問我什麼」（Ask Me Anything）。

也就是說，快速拿一個不完美的提示立即測試，再依據得到的答案逐步修正和改進原有的提示，成為新的提示。這樣重複測試、審核和修改，直到答案滿意為止。

這個過程強調的是迅速實踐和持續改進，而不是一開始就試圖設計出完美的提示。這個循環過程有助於逐步理解和改進提示的效果。

讓我們看一個例子，我們按照這個「隨便問我什麼」的過程來問ChatGPT有關健康飲食的建議：

先以一個簡單的提示開始，如果結果符合預期，則認為這個提示是「足夠好的」；如果還有改進空間，則進行調整。

第一輪迭代

提示1：「請給我一些健康的食物。」
這個提示很容易理解，但是沒有特別的方向或限制。
結果：可能得到一份全面的健康食物清單，如水果、蔬菜、肉類等等，洋洋灑灑，但缺乏具體的建議或深入的資訊。

第二輪迭代

加以改進，加上限制（Constraint）讓輸出更具體。
提示2：「請給我一項健康『早餐』的建議，包括『主食、蛋白質和飲料』。」
結果：聚焦在早餐，尤其是主食、蛋白質和飲料，但也沒有針對身體狀況的訊息。

第三輪迭代

進一步改進，針對我（Who）的身體狀況，增加營養均衡的指示。

提示3：「我現在48歲，體重65公斤，請給我一項營養均衡健康『早餐』的建議，包括『主食、蛋白質和飲料』，並簡述每種類型的好處。」

最終結果：

如下圖，我們得到一項全面的、營養均衡的早餐建議，並附有詳細的營養解釋。

---

⑤ ChatGPT

為您設計的健康早餐建議如下，這樣的搭配考慮了營養均衡，有助於提供全天所需的能量和營養：

主食：全麥吐司

- **好處**：全麥吐司富含膳食纖維，有助於促進腸道健康，並提供長時間的飽腹感。全麥糧食還含有B群維生素，有助於能量代謝。

蛋白質來源：煮蛋或希臘酸奶

- **煮蛋**：提供高質量的蛋白質，有助於肌肉健康和修復，同時蛋黃中的維生素D有助於骨骼健康。
- **希臘酸奶**：比普通酸奶含有更多的蛋白質，有助於增加飽腹感，並含有益生菌，支持腸道健康。

飲料：無糖豆漿或黑咖啡

- **無糖豆漿**：豐富的植物性蛋白質和鈣質，有利於骨骼健康，且無糖版本有助於控制血糖。
- **黑咖啡**：提供抗氧化物質和能夠提振精神的 ↓ 啡因，有助於提高注意力和集中力。

圖 IV.01 健康早餐，提示迭代後的結果

透過這個例子，我們可以看到從一個基本的提示開始，經過兩次改進，最終得到一個更精確、更有效的提示。這個過程強調了快速嘗試、觀察結果，並根據結果進行調整。

這個例子展現了我們做決定的迭代過程。下面我們會看到讓ChatGPT自動連續執行迭代，直到滿足決定條件後才停止。

≫ 執行決定（Decision）

大家多半只知道我們可以問ChatGPT問題，還可以追問，其實我們也可以用提示跟ChatGPT先約定好，訂下密碼。ChatGPT在看到密碼的時候才會開始或停止執行某個任務。

例子1 —— 個人助理

提示：「你是我的個人助理、我會不定時輸入我的待辦事項和約會訊息，當你收到訊息時只要回覆『收到』。當我發送『請總結』時，請依照時間順序『列表』總結所有內容，並將它分成2類：(1)待辦事項、(2)約會時間、地點和對象。」

You

你是我的個人助理、我會不定時輸入我的代辦事項和約會信息,當你收到消息時只要回復"收到"。當我發送"請總結"時,請依時間順序'列表'總結所有內容,並將它分成2類: (1)待辦事項、(2)約會時間、地點和對象。

ChatGPT

收到。我已準備好記錄和管理您的代辦事項和約會信息。請隨時告訴我您的需求。

You

明早9點跟牙醫有約

🖉

ChatGPT

收到。

You

三天內要準備好這季的財務報告。

ChatGPT

收到。

You

今天晚上7點跟陳董約在101大樓晚餐。

🖉

ChatGPT

收到。

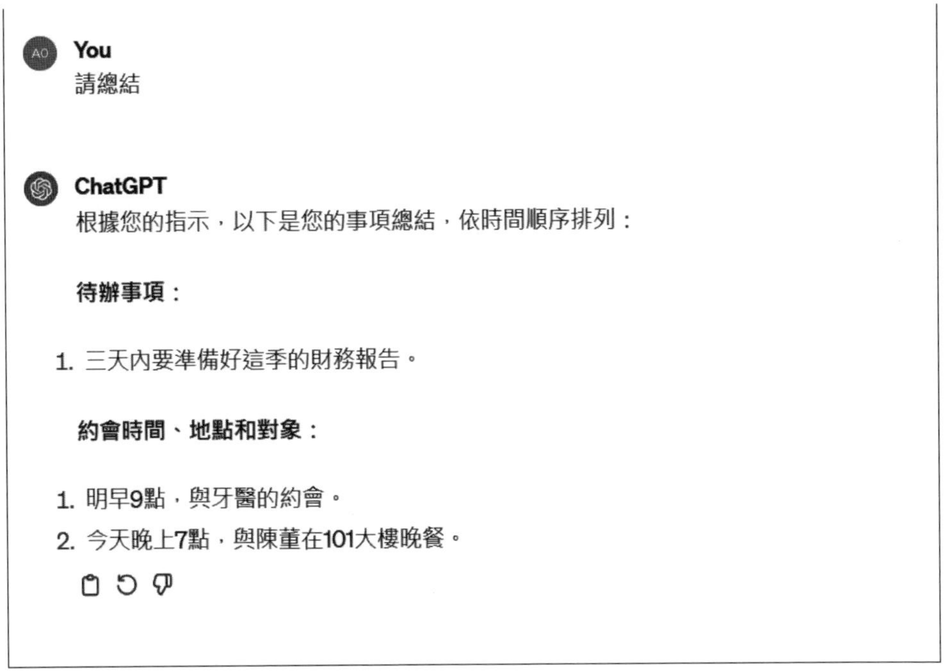

You
請總結

ChatGPT
根據您的指示，以下是您的事項總結，依時間順序排列：

待辦事項：

1. 三天內要準備好這季的財務報告。

約會時間、地點和對象：

1. 明早9點，與牙醫的約會。
2. 今天晚上7點，與陳董在101大樓晚餐。

圖 IV.02 延遲執行-個人助理

ChatGPT在收到「請總結」時成功的整理出報告。

例子2 —— 處理字數限制

ChatGPT這樣的工具常會限制輸入的字數，其實這是OpenAI公司在ChatGPT收到資料之前所設下的限制，ChatGPT本身是可以接受更多字數輸入的。

為了要證實這點，我直接問ChatGPT：我單次輸入的字數有限制嗎？

ChatGPT：在這個平台上，單次輸入的字數有一定的限制，但通常足以涵括大部分的短文和問題。如果您碰到了限制，您可以分多次發送消息，或者縮短您的問題或內容以符合限制。請隨時告訴我您的問題，我會盡力為您提供幫助！

讓我們來試試多次發送。

下面我將兩段文字輸入ChatGPT，因為篇幅有限，每段文字都不是太長，主要是展示如何將長文分段、結合、然後執行任務。

實際應用上，每段文字可以長到ChatGPT的上限（ChatGPT-3.5上限通常在2048個字，ChatGPT-4則為4096個字），也可以不止兩段。

我把兩段文字分次輸入，然後才開始要求它總結。文字是從OpenAI官網上取得的關於Sora（給文字就可以直接生成影片的軟體）的介紹。

提示：「我會輸入幾段文字給你，當你收到時只要回覆『收到』。當我發送『開始』給你時，你將結合這幾段文字，然後『總結』他們的內容。」

You

提示：「我會輸入幾段文字給你,當你收到時只要回復"收到"。
當我發送"開始"給你時,你將結合這幾段文字，然後《總結》他們的內容。」

ChatGPT

收到。

You

We're teaching AI to understand and simulate the physical world in motion, with the goal of training models that help people solve problems that require real-world interaction.

Introducing Sora, our text-to-video model. Sora can generate videos up to a minute long while maintaining visual quality and adherence to the user's prompt.

ChatGPT

收到。

You

Today, Sora is becoming available to red teamers to assess critical areas for harms or risks. We are also granting access to a number of visual artists, designers, and filmmakers to gain feedback on how to advance the model to be most helpful for creative professionals.

We're sharing our research progress to start working with and getting feedback from people outside of OpenAI and to give the public a sense of what AI capabilities are on the horizon.

ChatGPT

收到。

You
開始

ChatGPT
綜合上述段落，目前的重點在於開發能理解和模擬實體世界運動的人工智能，旨在訓練出能協助解決需要實際世界互動問題的模型。介紹了名為Sora的文字轉視頻模型，該模型能夠生成長達一分鐘的視頻，同時保持視覺品質及忠於用戶的提示。目前，Sora對於紅隊成員開放，以評估可能的危害或風險領域，同時也對視覺藝術家、設計師和電影製作人開放，以收集反饋，進一步提升模型，使其更有助於創意專業人士。透過分享研究進展，旨在與OpenAI外部的人們開始合作並獲取反饋，並向公眾展示即將到來的AI能力。

圖 IV.03 分段輸入，處理字數限制

這個例子展現了如何使用提示來結合數段文字或文檔，並在我們的控制下執行任務。如果要執行其他任務，只要把「總結」代換成其他任務即可。

≫ 執行函數（Function）

另外一個常用的電腦程式是函數（Function），或叫做子程式（Subroutine）。函數就是一段獨立的程式碼，用來完成特定的功能或任務。它可以被其他程式多次調用，比如說一個立方函數，只要送進一個數字，它就會算出該數字的立方。

我們現在看看下面這個提示，其中就利用函數的概念讓它更方便使用：

例子1

提示：「我將向你提出一個我的疑問。我希望你能像<人物>一樣簡短回答我的<疑問>。你會有<人物>相同的心智模型、思考過程和語氣。

<人物>：史蒂夫・賈伯斯，蘋果公司共同創辦人。

<疑問>：我夢想創造能改變世界的技術創新，就像您在蘋果時期做的那樣。但我在如何實現我的想法上遇到了困難。我應該如何將我的願景轉化為現實？」

這個例子裡面包含了兩個函數：<人物>和<疑問>。你有某方面的疑問，就找一個該領域的名人，讓他回答這個問題。

下圖就是ChatGPT給的答案。

ChatGPT

以史蒂夫·喬布斯的風格，一個簡短的回答可能會是這樣的：

"追求卓越，勇於冒險。把你的熱情作為引導，讓不懈的追求完美成為你的動力。不要害怕失敗，因為失敗正是成功的前奏。最重要的是，要堅持你的直覺和信念，即使全世界都在告訴你你的夢想是不可能實現的。創造改變世界的技術不是跟隨潮流，而是設置潮流。記住，唯一能限制你的，是你自己的想象力。"

圖 IV.04 提示中包含函數

這樣設計提示，可以讓一個提示的主體維持不變，在改變問題的時候只要變動函數的內容即可。

例如，問完史蒂夫·賈伯斯之後，你有關於電影的問題想問李安，可以直接在ChatGPT上輸入（不需要再輸入提示的其他文字）：

> 提示：
> <人物>：李安，奧斯卡金像獎知名導演
> <疑問>：請問您是如何挑選電影題材的？

You
<人物>："李安，奧斯卡金像獎知名導演"
<疑問>："請問您是如何挑選電影題材的？"

ChatGPT
如果我要以李安的思考方式和語氣來回答你的問題，可能會是這樣：

"選擇電影題材對我來說是一個非常個人和直覺的過程。我經常被那些觸動我的心靈、反映人性深處複雜情感的故事所吸引。這些故事往往讓我反思生活的意義以及人與人之間的關係。

每當我尋找新的電影題材時，我首先關注的是故事是否能激起我的情感，是否有能力讓觀眾感受到共鳴。我喜歡那些能夠跨越文化和語言障礙，觸動全世界觀眾心靈的故事。無論是家庭的愛，還是個人的掙扎，或是對於身份的追尋，這些普遍的主題總是能夠引起我的興趣。

此外，我也尋求新的挑戰和創新的表達方式。我喜歡探索不同的文化背景和歷史時期，這樣可以讓我將傳統敘事方式與新的視角結合起來，創造出獨特的電影體驗。

總而言之，挑選電影題材對我而言，是尋找那些能夠激發我創造力、引起深層情感共鳴，並且有潛力觸動觀眾心靈的故事。"

這是模仿李安可能給出的答案的一種嘗試，結合了他對於電影製作、故事選擇的著名觀點。

圖 IV.05 提示中包含函數-李安

例子2

提示：「請根據<主題>給我<數目>個吸引人的文案標題。
文案是要製作影片在YouTube上發表的。
<主題>：邊緣AI；<數目>：5。」

ChatGPT的回答：

好的，以下是關於「邊緣AI」主題的五個吸引人的文案標題：

「探索未知世界：邊緣AI的新奇之旅」

「超越界限：邊緣AI的智慧啟迪」

「啟發創意，邊緣AI開啟新視野」

「革新科技：邊緣AI的驚奇探索」

「將未來引領到今天：邊緣AI的魔幻世界」

如果你常常在YouTube這種平台發表文章或影片，這個例子
會很有幫助。只要送進不同的<主題>和<數目>，ChatGPT
就會幫你生成多個標題供你選擇。

在之後的幾章裡面，我們將會詳細介紹使用ChatGPT來執
行這部分任務的技術。

小 結

❖ 面對複雜任務時，ChatGPT可能會遇到挑戰。將大任務細分成多個子任務，可以增加ChatGPT處理問題的效率。

❖ 戰略，就是人類在制高點全面思考問題時，制定戰略讓ChatGPT執行細節。在ChatGPT處理大型或複雜任務的時候加以輔助，將任務分解成子任務。

❖ 任務分解四階段包括：

(1) 任務分解；　　　　　(2) ChatGPT執行子任務；

(3) 審核結果；　　　　　(4) 迭代或任務完成。

四階段不一定要合在一起使用，可視情境分開使用。

❖ 提示就像電腦程式語言，也能執行邏輯和計算。這一章介紹了執行迭代（反覆運算）、執行決定和執行函數。

15
CHAPTER

進階提示——
思維鏈變化

在第III部戰術篇的基本提示裡面，我介紹了思維鏈（Chain-of-Thought, CoT），只要在提示裡面加上「請一步一步思考」（Let's think step by step.），就能夠讓ChatGPT透過中間推理步驟實現複雜的推理能力，並展示它的思考步驟。

這裡我們要看看思維鏈變化出的幾項技術。

》思維鏈與樣本提示

思維鏈提示本身就是有個很有力的提示，它還可以與樣本提示搭配使用，讓生成的效果更好。如果在使用思維鏈提示時加上0個、1個或數個例子，就成為零樣本CoT（Zero-Shot CoT）、單一樣本CoT（One-Shot CoT）或少數樣本CoT（Few-Shot CoT）的思維鏈提示。

這個用法非常簡單直觀，我就不再舉例子說明了。

接下來我要介紹思維鏈技術的另外兩個進階變化。
1. 思維鏈裡面可以做到自我一致（Self-Consistent）。
2. 思維鏈裡面可以做到自己分解步驟，也就是「任務分解」的功能。

≫ 思維鏈自我一致（CoT with Self-Consistent, CoT-SC）

常用ChatGPT的朋友都知道，因為它的答案是生成的，所以有時候答案並不準確，甚至還會犯錯（產生幻覺）。

思維鏈自我一致性（Self-Consistency）就是讓ChatGPT創建幾個思維鏈來產生答案。然後讓ChatGPT以多數決定，選擇最一致的答案。

這種自我一致性方法已被證明能提升答案的準確性，特別是在算術、常識和邏輯推理任務上的表現更佳。

基本提示、思維鏈和思維鏈自我一致這三項技術整理在下圖。

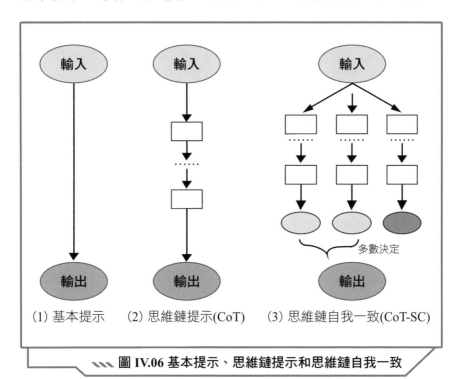

(1) 基本提示　　(2) 思維鏈提示(CoT)　　(3) 思維鏈自我一致(CoT-SC)

◢◣◢◣◢◣ 圖 IV.06 基本提示、思維鏈提示和思維鏈自我一致

簡單來說，就是：

1. 基本提示：直接詢問；
2. 思維鏈（CoT）：讓它一步步思考；
3. 思維鏈自我一致（CoT-SC）：一步步思考後，少數服從多數。

下面讓我們來看一個例子。

> 提示：「『一支球棒和一顆球總共花費1.10美元。球棒比球貴1.00美元。球多少錢？』請用三種方法算出答案。請簡單列出這三種方法及其計算結果。最後，使用投票以多數票來決定答案是什麼。」

You

一支球棒和一個球總共花費 1.10 美元。球棒比球貴 1.00 美元。球多少錢？"
請用三種方法來得到答案。請簡單列出這三種方法及其計算結果。
最後，使用投票以多數票來決定答案是什麼。

ChatGPT

讓我們用三種不同的方法解決這個球棒和球的問題，之後通過多數投票決定正確的答案。

方法 1: 代數方程式

途徑：

設球的價格為 x 美元，所以球棒的價格為 $x + 1.00$ 美元，因為球棒比球貴 1.00 美元。兩者總共的價格為 1.10 美元。

代入方程式：
$$x + (x + 1.00) = 1.10$$

解答：

解這個方程式找到 x，也就是球的價格。

方法 2: 直覺推理（常見的錯誤）

途徑：

一個直觀但不正確的推理可能會認為 ↓ 的價格是 0.10 美元，而球棒比球貴 1.00 美元，也就是 1.10 美元。然而，這樣計算的總價會是 1.20 美元，不符合題目條件。這個方法是用來展示常見的思維陷阱。

方法 3: 系統減法

途徑：

知道總價是 1.10 美元，球棒和球的價差是 1.00 美元，系統地從總價中減去 1.00 美元的差價，然後除以 2，來正確分配差價到球和球棒上。

解答：

從總價 1.10 美元中減去 1.00 美元的差價，得到的差額除以 2，算出球的價格。

現在，我們來計算這兩種方法（方法 1 和方法 3）的答案，並認知到方法 2 展示了一個常見的錯誤。

計算結果

方法 1: 代數方程式 - 球的價格是 $0.05。

方法 2: 直覺推理（常見的錯誤） - 通常會錯誤地認為球的價格是 $0.10，但這並不符合條件。

方法 3: 系統減法 - 球的價格也是 $0.05，這與代數方程式的結果一致。

多數投票

在這個情況下，由於正確的方法（方法 1 和方法 3）都指向同一個答案，即球的價格是 $0.05，所以多數投票在此並不適用，因為已經達成一致。方法 2 展示了一種常見的錯誤理解，但不被考慮在內。

因此，正確的答案，經過適當的推理方法確認，是球的價格為 $0.05。這個例子強調了應用細心的推理和數學方法的重要性，以避免常見的錯誤。 [>-]

◁》 ⧉ ↻ ⏻

圖 IV.07 思維鏈自我一致性

這個例子裡面，ChatGPT針對這個問題產生了三種解決方法。然後，它審核三種方法所得到的結果，再以投票的方式選擇了最終答案。

思維鏈自我一致是一項強大的技術，可用於提高ChatGPT的準確性，透過產生多個思維鏈並選擇最一致的那個，ChatGPT就會減少犯錯。

》思維鏈任務分解（CoT and Decomposition, CoT-D）

前面說過，我們在面對複雜的任務或問題的時候，須要把任務分解成多個簡單、易於管理的子任務。只要逐一解決這些子任務，再組合各個子任務的解決方案，就可以解決原始的複雜任務。

但是我們不一定要親自分解任務，有的時候任務很複雜，或是我們遇到沒有見過的問題，這時候也可以要求ChatGPT來幫我們分解。

這裡講的就是在思維鏈裡面加入任務分解的環節，讓ChatGPT幫我們把任務分解成子任務。

會有朋友問：思維鏈本身不就是會把它解題的步驟展示出來嗎？這不就是分解嗎？

是的，但是思維鏈和思維鏈任務分解所展現出的「步驟」是不一樣的。

思維鏈	ChatGPT並沒有考慮要分解任何任務，它只是一步一步的解答，然後會陳述獲致最終答案的「中間步驟」或「思考過程」。它就是直接的解決問題，然後展示工作過程。
思維鏈任務分解	ChatGPT一開始就知道它必須把任務分解成子任務，同時明確地表達出解決每個「子任務」的思考過程，逐步推進直至得出最終答案。

也就是說，思維鏈展現的步驟是它解題的過程，而思維鏈分解展現的是「分解」的過程。

這樣說還是有點玄，最好是用例子說明。首先我們看一個思維鏈的例子，然後對同樣的任務，我們看思維鏈任務分解的結果有什麼不同。

例1：思維鏈

問題：在學校的運動會上，有四個班級參與了接力賽跑。每個班級有5名學生參賽。賽跑規則如下：每名學生跑100公尺，接力棒順利傳遞給下一名隊員，直到所有隊員都跑完。第一個班級的平均速度是每秒8公尺，第二個班級的平均速度是每秒7.5公尺，第三個班級的平均速度是每秒7公尺，第四個班級的平均速度是每秒7.8公尺。考慮到每次傳遞接力棒需要額外的2秒鐘，請計算哪個班級獲勝，以及他們完成賽跑的總時間是多少？

要進行思維鏈的提示，就是在問題的後面多加上一句「請一步一步思考。」

You

在一次學校的運動會上，有四個班級參與了接力賽跑。每個班級有5名學生參賽。賽跑規則如下：每名學生跑100米，接力棒順利傳遞給下一名隊員，直到所有隊員都跑完。第一個班級的平均速度是每秒8米，第二個班級的平均速度是每秒7.5米，第三個班級的平均速度是每秒7米，第四個班級的平均速度是每秒7.8米。考慮到每次傳遞接力棒需要額外的2秒鐘，請計算哪個班級獲勝，以及他們完成賽跑的總時間是多少？請一步一步思考。

ChatGPT

透過一步一步的計算，我們可以確定哪個班級在接力賽跑中獲勝以及他們完成賽跑的總時間。

解題步驟:

1. **計算每個班級完成賽跑的總距離:**
   - 每名學生跑100米,每個班級有5名學生,所以總距離是 $100 \times 5 = 500$ 米。
2. **計算每個班級在不考慮傳遞接力棒時間的情況下完成賽跑的時間:**
   - 使用公式:時間 = 總距離 / 平均速度。
   - 例如,第一個班級的計算為 $500 \div 8$ 秒。
3. **加上傳遞接力棒的額外時間:**
   - 每次傳遞接力棒需要額外的2秒,每個班級需要傳遞4次,所以總額外時間是 $2 \times 4 = 8$ 秒。
4. **計算每個班級完成賽跑的總時間並確定哪個班級獲勝。**

結果:

- **第一個班級**以總時間**70.5秒**獲勝。

這個計算過程不僅展示了如何逐步解決問題,也清楚地指出了每一步的思考過程,從計算每個班級的賽跑時間到加上接力棒傳遞的時間,最終找到獲勝的班級。這種方法有助於處理問題的不同部分,並提供一個清晰的解題過程。 [>-]

圖 IV.08 思維鏈技術解題

例2：思維鏈任務分解

問題：跟例1同樣的問題。

要進行思維鏈任務分解的提示，就是在問題後面加上一句
「請把問題分解成子問題，然後一步一步思考」。

 You

問題: 在一次學校的運動會上，有四個班級參與了接力賽跑。每個班級有5名學生參
賽。賽跑規則如下：每名學生跑100米，接力棒順利傳遞給下一名隊員，直到所有隊
員都跑完。第一個班級的平均速度是每秒8米，第二個班級的平均速度是每秒7.5米，
第三個班級的平均速度是每秒7米，第四個班級的平均速度是每秒7.8米。考慮到每次
傳遞接力棒需要額外的2秒鐘，請計算哪個班級獲勝，以及他們完成賽跑的總時間是
多少？請把問題分解成子問題，然後一步一步思考。

✏️

ChatGPT

使用 Chain of Thought with Decomposition (CoT-D) 方法，我們將問題分解為以下子
問題，然後逐一解答：

子問題1: 計算每個班級跑完賽程所需的時間（不含接力棒傳遞時間）

1. **計算跑道的總距離：**
   - 每名學生跑100米，每個班級有5名學生，所以每個班級的總距離是 $100 \times 5 = 500$ 米。
2. **根據每個班級的平均速度計算完成賽程所需的時間：**
   - 第一個班級：$500 \div 8 = 62.5$ 秒
   - 第二個班級：$500 \div 7.5 = 66.\overline{6}$ 秒
   - 第三個班級：$500 \div 7 = 71.4$ 秒
   - 第四個班級：$500 \div 7.8 = 64.1$ 秒

子問題2: 計算接力棒傳遞所需的總額外時間

- 每次傳遞接力棒需要2秒鐘，每個班級需要進行4次傳遞（因為有5名學生），所以每個班級的總額外時間是 $4 \times 2 = 8$ 秒。

子問題3: 計算每個班級完成賽程的總時間

- 將每個班級完成賽程所需的時間與接力棒傳遞所需的總額外時間相加。

結果:

- 第一個班級的總時間：$62.5 + 8 = 70.5$ 秒
- 第二個班級的總時間：$66.\overline{6} + 8 = 74.\overline{6}$ 秒
- 第三個班級的總時間：$71.4 + 8 = 79.4$ 秒
- 第四個班級的總時間：$64.1 + 8 = 72.1$ 秒

根據計算，**第一個班級**以總時間**70.5秒**獲勝，他們是完成賽跑時間最短的班級。

通過分解問題並逐步解答，我們能夠清晰地計算並比較每個班級完成賽程的總時間，從而確定勝利的班級。這种分解方法有助于理解复杂問題的各个部分如何共同影响最終結果。

◁)) 🗍 ↻ ⃔

圖 IV.09 思維鏈任務分解技術解題

我們看第一個例子，「思維鏈」技術鼓勵模型以連續的思考過程解答問題，直接進入解題步驟，而不需要明確地指出任務的分解。

而第二個例子的「思維鏈任務分解」技術則強調在解題前先將問題分解成若干個更小、更易於管理的子問題，然後逐一解決這些子問題。這種方法尤其適用於更複雜或多層次的問題，透過分解可以幫助理解和解決問題的不同部分。

在問題本身相對直接且結構簡單時，這兩個方法得出的步驟和結構看起來非常相似，像上面的接力賽跑題。但是它們的思考邏輯是完全不同的。

當面對更複雜、更具挑戰性的問題時，「思維鏈任務分解」的分解步驟可以提供更明確的結構和深度，幫助解題者或ChatGPT更有效地組織和處理訊息。在這種情況下，「思維鏈任務分解」的優勢和差異將會更明顯。

最厲害的是，請注意看看這兩個例子裡的提示，只要加一句「請一步一步思考」就可以開啟「思維鏈」；然後再加一句「請把問題分解成子問題」就可以開啟「思維鏈任務分解」！

我鼓勵大家多試試這兩項技術！

小 結

❖ 思維鏈技術3個變化：思維鏈與樣本提示、思維鏈自我一致、思維鏈任務分解。

❖ 「思維鏈與樣本提示」就是思維鏈技術加上給予ChatGPT幾個例子。

❖ 「思維鏈自我一致」可提高ChatGPT的準確性，透過產生多個思維鏈並選擇最一致的結果，ChatGPT就會減少犯錯，如同在做自我審核。

❖ 我們可以自己分解任務，也可以要求ChatGPT以「思維鏈任務分解」幫我們分解任務。還可以要求幾個不同的分解結果。

❖ 「思維鏈」並沒有考慮要分解任何任務，它就是直接一步一步解決問題，然後展示工作過程。

❖ 「思維鏈任務分解」一開始就知道它必須把任務分解成子任務，同時明確地表達出解決每個「子任務」的思考過程，逐步推進直至得出最終答案。

❖ 只要加一句「請一步一步思考」就可以開啟「思維鏈」；再加一句「請把問題分解成子問題」就可以開啟「思維鏈任務分解」！

16
CHAPTER

進階提示
——思維樹

我們前面花了很多篇幅在思維鏈上，因為它是一項簡單又強大的提示技術。這一章我們要介紹一個思維鏈的延伸，叫做思維樹（Tree-of-Thought, ToT）。

我一直強調，使用生成式AI時必須小心，因為它帶有隨機的成分，所以它的答案可能會失敗或有問題，譬如內部產生錯誤、幻覺或者偏見等。

像電影阿甘正傳比喻的那樣，生成式AI也像是一盒巧克力，你永遠不知道會嚐到什麼口味。

思維鏈技術本質上是告訴AI一步一步思考，分解步驟來解答問題，並且展示過程中的步驟。這樣做似乎會使AI應用更加謹慎地計算，可能會得出更好的答案。

最近普林斯頓大學和谷歌DeepMind聯合提出一項更進階的提示技術，叫做思維樹。
Tree of Thoughts: Deliberate Problem Solving with Large Language Models（https://arxiv.org/abs/2305.10601）。

思維樹基本的想法是：如果一條思維鏈可能有所助益，那麼，多幾條鏈會不會更好？如果把一個思維當做是一根分支，那麼多根分支就變成了一棵樹－思維樹（Tree of Thoughts, ToT）。

思維樹的圖如下方顯示的那樣，一開始的樹根往下發展，每一個分支上的節點就是一個思維，每個節點又可以發展出數個分支和節點。

當然我們不想要一堆雜亂無章的思維，它們應該以某種有用的方式組織起來，並且互相溝通。當溝通的結果發現某一個節點是沒有用的，這個節點就不再發展下去。

這種方法允許AI在多條可能的路徑中探索，並根據不同的情境和條件做出相應的反應。也就是說，允許ChatGPT探索多條可能的推理路徑，透過自我審核選擇下一步的行動，以及在必要時回頭重新考慮先前的選擇。審核為無用的路徑就會被終止。

最後，ChatGPT經由審核這些途徑來判斷哪一個可能是最好的答案。

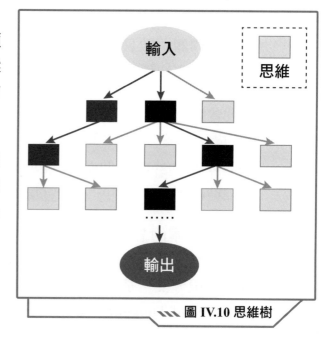

◢◢◢ 圖 IV.10 思維樹

思維樹的核心優勢在於它的靈活性和深度，使得ChatGPT在多條路徑中選擇和調整，從而大幅提升解決問題的效率和準確性。

這種方法對於需要深入分析和策略性思考的複雜問題特別有效，如數學推理、邏輯謎題解答、創意寫作等。

我們使用ChatGPT都是簡單的應用，在邏輯推理上還要加強，而思維樹就是這個領域目前最前端的研究。

我來給大家看一個非常實用的例子。

例子

有一位富翁過世了，留下一份不是很明確的遺囑，引起了受益人間的糾紛。

遺囑內容：「我將我的資產留給我親愛的家人，希望他們能夠公平地分享這一切。我特別希望我的書籍收藏能夠被那些真正欣賞它們的人所擁有。」

這份遺囑的模糊之處在於幾個關鍵：
1. 「親愛的家人」未明確界定：遺囑沒有具體指明「家人」到底指的是哪些人。
2. 資產的「公平分享」方式未具體說明：什麼樣的分享方式被視為「公平」？
3. 「書籍收藏」的分配基於「真正欣賞」：如何判斷某人是否「真正欣賞」書籍收藏？

現在我們要ChatGPT來扮演三位律師，他們分別代表遺囑執行人、主要受益人，以及其他可能的受益人。這三位律師將圍繞一宗遺產繼承的案件進行討論。每位律師都會從自己的立場出發，提出對遺囑中模糊條款的解釋和建議。

1. 律師A認為，遺囑的字面意義非常重要，應該嚴格按照遺囑的文字來執行。
2. 律師B認為，遺囑中的某些條款應根據遺囑人的整體意圖來解讀，即使這可能與字面意義有所出入。
3. 律師C認為，需要考慮到所有潛在受益人的權益，包括那些未在遺囑中明確提及的人。

這三位律師會分別闡述自己的觀點，並嘗試通過對話來探索一個大家都能接受的解決方案。他們需要在尊重遺囑人意願的同時，也考慮到法律框架和所有相關方的合理利益。

這個問題的提示和ChatGPT的回答顯示在下圖裡面。

You

想像有三位律師，他們分別代表遺囑執行人、主要受益人，以及其他可能的受益人。這三位律師將圍繞一宗遺產繼承的案件進行討論。每位律師都會從自己的立場出發，提出對遺囑中模糊條款的解釋和建議。

1. 律師A認為，遺囑的字面意義非常重要，應該嚴格按照遺囑的文字來執行。
2. 律師B認為，遺囑中的某些條款應根據遺囑人的整體意圖來解讀，即使這可能與字面意義有所出入。
3. 律師C認為，需要考慮到所有潛在受益人的權益，包括那些未在遺囑中明確提及的人。

三位律師會一步一步進行，並在進行過程中彼此分享他們的步驟。這些專家會記錄下他們思考的每一步，並與團隊分享。↓ 他們會花時間審視彼此的步驟並進行比較。一位專家在看到另一位專家的表述後，可以改變自己的意見。然後所有專家將進行下一步。最後，專家們將基於在解決問題過程中看到彼此的表述步驟，達成最終決定。遺囑:"我將我的資產留給我親愛的家人，希望他們能夠公平地分享這一切。我特別希望我的書籍收藏能夠被那些真正欣賞它們的人所擁有。"

ChatGPT

在這個遺產繼承的案件中，遺囑的表述留下了一些模糊的地方，尤其是關於「親愛的家人」的定義以及「那些真正欣賞它們的人」是指誰。下面是三位律師可能基於他們立場提出的解釋和建議：

律師A（代表遺囑執行人）的觀點：

- 律師A可能會堅持遺囑的字面意義，認為「親愛的家人」指的是遺囑人的直系親屬和配偶。對於書籍收藏，這位律師可能會尋求一個具體而公正的標準來判斷哪些家庭成員「真正欣賞」這些書籍，比如通過詢問家庭成員對這些書籍的了解和興趣。
- 這位律師可能會提出需要對遺囑中的模糊條款進行更詳細的解釋，但主要是從遵守遺囑文字出發。

律師B（代表主要受益人）的觀點：

- 律師B可能會更關注遺囑人的整體意圖，並試圖證明主要受益人是遺囑人希望其書籍收藏「被那些真正欣賞它們的人所擁有」的對象。
- 這位律師可能會提出證據，比如遺囑人生前與主要受益人有關書籍的對話或信件，來支持這一點。
- 他們可能會主張，即使這種解釋與字面意義略有出入，也更符合遺囑人的總體意願和精神。

律師C（代表其他可能的受益人）的觀點：

- 律師C會強調所有潛在受益人的利益，包括那些未在遺囑中明確提及的人。這可能包括遠親或朋友，他們也許對遺囑人的書籍收藏抱有深厚的興趣和欣賞。
- 這位律師可能會主張，應該廣泛徵詢意見，或許通過舉行一個會議來確定誰是「真正欣賞」遺囑人書籍的人，以此來確保遺囑的執行更加公平和包容。

最終，這三位律師在彼此分享和討論自己的解釋和建議後，可能會達成一種折衷方案，既考慮到遺囑的字面意義，又不忽視遺囑人的總體意圖，同時盡可能地照顧到所有潛在受益人的權益。這可能涉及到更細緻的調查工作，比如確定哪些家庭成員或其他人士在遺囑人生前與其有深厚的書籍交流，或者設立一個由遺囑執行人和家庭成員共同參與的委員會，來決定如何分配書籍，以確保符合遺囑人的願望。

◁)) ⎙ ↻ �👎

圖 IV.11 思維樹決定遺囑

這個例子裡面，三位律師各代表了一種思維，他們自行做決定，也彼此分享結果，到最後生成一個盡可能照顧到所有潛在受益人權益的決定。

請注意，讓ChatGPT開始執行思維樹技術的提示部分是：

「這些專家會一步一步進行，並在進行過程中彼此分享他們的步驟。這些專家會記錄下他們思考的每一步，並與團隊分享。專家們會花時間審視彼此的步驟並進行比較。一位專家在看到另一位專家的表述後，可以改變自己的意見。然後所有專家將進行下一步。最後，專家們將基於在解決問題過程中看到彼此的表述步驟，達成最終決定。」

如果大家要嘗試思維樹技術的時候，記得把這一段文字放進提示裡面。

思維樹將ChatGPT的推理過程建構為樹狀結構的探索和審核，從而提高ChatGPT解決問題的能力。思維樹技術可以模擬土地開發公司、設計公司、銀行等不同公司間的多人會議。

小結

❖ 如果把一個思維當做是一個分支，多個分支就變成了一棵「思維樹」。

❖ 「思維樹」的優勢在於它的靈活性和深度，使ChatGPT在多條路徑中選擇和調整，從而大幅提升解決問題的效率和準確性。

❖ 「思維樹」對於需要深入分析和策略性思考的複雜問題特別有效，如數學推理、邏輯謎題解答、創意寫作等。

❖ 「思維樹」可模擬土地開發公司、設計公司、銀行等不同公司間的多人會議。

❖ 需要記住的思維樹例子提示:「這些專家會一步一步進行,並在進行過程中彼此分享他們的步驟。這些專家會記錄下他們思考的每一步,並與團隊分享。專家們會花時間審視彼此的步驟並進行比較。一位專家在看到另一位專家的表述後,可以改變自己的意見。然後所有專家將進行下一步。最後,專家們將基於在解決問題過程中看到彼此的表述步驟,達成最終決定。」

17
CHAPTER

進階提示
——思維骨架

大家有沒有發現ChatGPT最近常常會偷懶，比如說回應速度變慢、回答字數減少，甚至有時候服務中斷，需要用英文詢問、試著清除Cookie，甚至清除以往的對話記錄才能繼續使用。

究其緣由，就是爆紅的後果。看這個樣子OpenAI已經無法好好服務暴增的人數。解決的方法只有再花錢買機器，或者讓算法更加快速有效。

最近就看到由微軟和清華大學研究人員發表的思維骨架（Skeleton of Thought, SoT）技術，它可以提高大型語言模型的速度和效率。
Skeleton-of-Thought: Large Language Models Can Do Parallel Decoding Xuefei Ning等人，微軟和清華（https://ar5iv.labs.arxiv.org/html/2307.15337）

基本上，思維骨架先讓LLMs針對問題來創建答案的「骨架」，然後平行的，而不是依照順序的，處理這個骨架的每個分支。能平行處理是因為有些分支可以利用不忙的處理器來處理，或者利用API讓另外的語言模型幫忙處理。

這樣的平行處理可以顯著減少語言模型生成所需的時間。該論文研究發現，在某些模型裡處理速度可以提高到2.39倍。

其實，除了這個平行加速以外，思維骨架還有許多實用的用途。下面我會介紹兩個我們日常的應用。

第一個大家應該都已經很熟悉，就是生成文本的時候先要求ChatGPT產出大綱。第二個比較少見，但是非常有用，是一個很有效的總結文章的方法。

》生成文本

我們撰寫一個文本的時候，常常會在動筆之前先擬大綱。許多作家在開始寫作之前也會花很多時間構思大綱。哈利波特（Harry Potter）的作者J. K.羅琳（J.K. Rowling）也說她總是有一個基本的大綱。

就好像在素描之前先畫「草圖」（Sketch），用來於捕捉基本的形狀、輪廓和主要特徵，以便在後續的創作過程中加以發展和細化。

寫文章前撰寫大綱可以幫助確定文章結構、突出主要觀點，並且可以整理思路，激發新的創意和思考。

其實「思維骨架」裡的「骨架」（Skeleton），就很類似我們常用的「大綱」（Outline）。

我們在使用ChatGPT時，它常常生成不是你想要的結果。那麼可以先要ChatGPT對需要生成的內容建立一個大綱或「骨架」。

這個「骨架」可以讓使用者先檢視，確保ChatGPT的輸出方向正確無誤。確認大綱後，再透過「擴充」（Expansion）步驟來填入詳細的資訊和細節。

我們來看一個例子，如何用思維骨架來得到「如何有效在家工作指南」的大綱。

> 提示：「你是一位資深管理顧問，你只需要回答問題的架構，而不是完整的內容。提供一系列重點的骨架來回答問題。骨架應該有3到10個骨架分支。分支的形容只要3到5個單詞，不需要完整的句子。
> {問題：如何有效在家工作指南}」

(A0) You

你是一位資深管理顧問，你只需要回答問題的架構，而不是完整的內容。 提供一系列重點的骨架來回答問題。骨架應該有3到10個骨架分支。分支的形容只要3到5個單詞，不需要完整的句子。
{問題：如何有效在家工作指南}

⊛ ChatGPT

1. **設定專業工作空間**

   選擇安靜場所；舒適辦公設備；有序環境布置。

2. **建立固定工作時間**

   設定工作時段；休息時間安排；避免超時工作。

3. **規劃任務與目標**

   每日任務清單；短期與長期目標；優先順序分配。

4. **減少干擾**

   通知設定管理；家庭成員溝通；限制社交媒體。

---

5. **維持良好溝通**

   定期視訊會議；實時消息反饋；電子郵件規範。

6. **保持健康生活方式**

   定時運動；均衡飲食；足夠休息。

7. **學習與成長**

   在線課程學習；閱讀與研究；技能提升。

圖 **IV.12** 思維骨架創建骨架

這時候我們可以檢視這個大綱，看看它是否符合我們的預期。如果不是就加上一些條件再試一次，或者讓ChatGPT生成幾個大綱讓我們挑選和組合。

對大綱滿意之後，我們可以開始針對骨架分支「擴充」。

 You

請將第1個骨架分支的"設定專業工作空間"，再加以細分成分支。

 ChatGPT

1. **設定專業工作空間**

   • 選擇安靜場所

     遠離家庭噪音；個人專屬空間；隔音改善措施。

   • 舒適辦公設備

     調節式辦公椅；適當高度桌面；充足光線照明。

   • 有序環境布置

     減少雜物干擾；高效率儲物解決方案；個人化裝飾激勵。

圖 **IV.13** 思維骨架擴充骨架分支

所有的分支都擴充完畢後，要求ChatGPT寫出內容的細節
描述。

You
請針對：
"選擇安靜場所
遠離家庭噪音；個人專屬空間；隔音改善措施。"
寫出60字的細節描述。

ChatGPT
選擇一個遠離家庭常見活動區域的安靜場所，如閣樓或地下室，確保它僅用作工作。
這樣可以減少家庭成員和寵物造成的干擾。考慮安裝隔音材料或使用厚重窗簾和門縫
條來進一步提高隔音效果，創造一個更專注的工作環境。

圖 IV.14 思維骨架描述骨架分支細節

使用「骨架」、「擴充分支」、「描述」的思維骨架技術來
解決問題有許多優點。首先，它幫助我們清晰規劃思路，逐
步深入開展主題，從整體到細節都確保沒有遺漏。其次，
每個分支都有機會被詳細探討，增加了讀者理解的深度與
廣度。

總的來說，這種結構化的方法提高了訊息的清晰度，能促
進有效溝通。

接下來，我們看另外一個應用，基本上是第一個應用的反
向操作。

≫ 總結文本

你是不是曾經想要總結（Summarize）一篇文章，但是ChatGPT只給你一篇非常精簡的總結？

隨著ChatGPT的普及，我們越來越依賴它們來總結報告或文章。然而，這些模型在總結時往往面臨著字數限制，導致重要訊息遺漏和深度不足。

這時候我們可以使用思維骨架技術，先確定骨架再針對每個分支，把跟這個分支有關的訊息進行總結。

思維骨架技術方法從文章整體出發，先建立文章的主要分支，再細部探究各分支的內容，不僅能精煉文章架構，也能維持文章內容的邏輯性，同時確保訊息的完整和深度。總之，思維骨架技術不僅解決了字數限制可能帶來的訊息遺漏和深度不足的問題，也是創作高品質、好理解的內容之有效途徑。

我們來看一個以思維骨架有效總結文章的例子，我找了一篇與教育有關的文獻，文章有25頁，所以這邊不再重複，大家有興趣可以上網參閱：
The End of the Old Order? Globalization and the Prospects for World Order, by David Held & Anthony McGrew（https://library.fes.de/libalt/journals/swetsfulltext/10398564.pdf）
下面我們先看直接叫ChatGPT總結的結果。

You

Globalization and World Order.pdf
PDF

請幫我總結這篇文章。

ChatGPT

這篇文章探討了全球化對世界秩序的影響，指出全球化是由進步的經濟一體化和解體趨勢的矛盾所推動。全球化不僅重塑了現代政治社會的性質，也重新構建了世界秩序的經驗和規範基礎。文章分析了全球化對軍事、經濟和政治領域的影響，指出當代全球化與過去階段相比，具有獨特的時空和組織特徵。全球化的過程和區域化的動態創造了橫跨領土和政治邊界的權力網絡，對基於西方主權原則的世界秩序構成挑戰。文章認為，當代全球化是國家權力職能轉變的過程，並且對國家主權和政治社群的權力職能進行了重新定義和構建。最後，它提出了對未來世界秩序可能形態的分類，包括新自由主義、自由改革主義、激進主義和宇宙主義等觀點，各自對全球化和國家權力的影響有不同的理解和策略。

圖 IV.15 直接總結文章

這篇文章長25頁，大約是1萬3千字，這篇總結則是309個字，佔原文的2.3%，好像是以管窺豹，很難真正了解這篇文章。

現在我們再試著用思維骨架技術來總結這篇文章。我們先找出骨架分支，再針對每一個分支做擴充。

AO **You**
請你用Skeleton of Thought 方法找出這篇文章的骨架。

ChatGPT
Skeleton of Thought 方法是一種結構化思考和分析的方式，旨在捕捉和概述一篇文章或一段論述的主要構架。透過這種方法，我們可以將文章《全球化與世界秩序的前景》的骨架概括為以下幾個核心點：

1. **全球化的定義與範疇**：
   * 全球化是指那些轉變社會關係和權力運作空間組織的歷史過程，涉及經濟、政治、軍事和文化等多個層面。
2. **全球化對軍事領域的影響**：
   * 軍事技術的快速擴散和國際安全結構的變化。
   * 國際軍事聯盟和安全合作的增加。
3. **全球化對經濟領域的影響**：
   * 全球市場的形成，跨國公司的興起，以及對國家經濟控制的挑戰。
   * 經濟活動的國際化和地區化，以及其對國家自主性的影響。
4. **全球化對政治領域的影響**：
   * 國際法和全球治理機構的發展。
   * 全球公民社會的形成和跨國政治參與的增加。
5. **全球化對國家主權和自主性的影響**：
   * 國家權力的轉型和重構。
   * 國家主權的重新定義，面對全球化帶來的挑戰。
6. **未來世界秩序的可能方向**：
   * 新自由主義全球市場秩序。
   * 自由改革主義視角下的國家合作和國際機構改革。
   * 激進和宇宙主義方案下的全球治理結構改革。

這個骨架概括了文章的主要論點和結構，捕捉了作者對於全球化如何重新塑造世界秩序的分析和見解。

圖 IV.16 找出文章的思維骨架

有了骨架，我們就能夠大概了解文章的架構，接著我們可以針對每一個骨架分支來擴充訊息。

這裡我示範針對第5個分支「全球化對國家主權和自主性的影響」，讓ChatGPT幫我總結所有關於它的資料。

 You
請針對"全球化對國家主權和自主性的影響"，幫我總結所有關它的資料。

 ChatGPT
針對"全球化對國家主權和自主性的影響"，文章中的相關內容可以概括為以下幾個要點：

國家主權的模糊化

- **概念變化**：全球化導致了國家主權概念變得更加模糊不清。E.H. Carr的洞見提示，隨著歷史的發展，對於主權的理解必須適應變化，尤其是在面對全球經濟一體化和分裂趨勢的矛盾時。
- **主權的重塑**：全球化促使國家主權從傳統的絕對、固有概念，轉變為更加動態和相對的理念。國家必須在全球經濟和國際法律框架內行使其主權。

國家自主性的轉變

- **政策自主性受限**：全球化限制了國家在經濟政策（如貨幣政策和貿易政策）上的自主性。全球市場力量和國際機構的規則對國家政策選擇施加了壓力。
- **跨國合作的必要性**：面對全球性挑戰（如氣候變化、國際犯罪等），單一國家難以獨立應對，必須透過國際合作和多邊機構來協調解決方案，這進一步影響了國家的政策自主性。

對內治理能力的挑戰

- **內部治理的複雜性增加**：全球化要求國家在保護公民和確保社會福利方面加強內部治理能力，特別是在面對全球市場波動和跨國公司影響力增強的背景下。
- **國家角色的重定義**：國家需要從傳統的權威控制者轉變為更加靈活的協調者和合作夥伴，以在全球和區域層面有效應對跨國問題，並與其他國家和非國家行為者共同工作。

國際法律與規範的影響

- **國際規範的內化**：國家在行使主權時需要考慮國際法律和全球規範，特別是在人權、環境保護和全球治理等領域。這要求國家在遵守國際規範的同時，平衡國內法律和政策的需要。

綜上所述，全球化對國家主權和自主性的影響是深遠且複雜的。國家不再能夠在國際舞台上獨立行動，而是必須在全球化的框架內重新定位自身，既要面對全球市場和國際法律的壓力，也要在內部強化治理能力，以適應全球化帶來的挑戰。這些變化要求國家在主權行使和政策制定上展現更大的靈活性和開放性。

◁》 ⎗ ↺ ▽

圖 IV.17 以思維骨架技術擴充細節

我通常還會更仔細一點，在提示裡面說出是第幾個分支。

因為程序都是一樣的，其他的分支的擴充我就不再展示了。

以這個例子來看，所有的骨架都擴充了以後，最後的總結大約是3000字（各分支總結都約500個字，共有6個分支），是原文的23%，比直接叫ChatGPT總結的訊息量多了10倍，而且所有的整體架構和每個分支的精華都保存了下來。

使用思維骨架技術來總結文章，就好像把一條大魚的魚肉拿掉只剩骨架，然後把原本骨架分支上的魚肉精簡總結後，重新放回骨架上。骨架還在，魚的整體架構不變，而魚肉是總結後的濃縮版，所有的精華都還在。

也因此，我自己把這個技術叫做濃縮（Condense），但是如果你只是直接叫ChatGPT濃縮一篇文章，那結果又會變得有些不可控。所以還是用思維骨架的步驟來做會比較好。

當你叫ChatGPT做了一般總結以後，覺得文章很有可讀之處，就可以進一步使用思維骨架技術來閱讀濃縮版的原文，這樣既可以完全得到文章的精華，又可以節省許多時間。

思維骨架技術適用於需要清晰答案結構並且可以預先規劃的問題類型。例如：規劃和設計問題、解析和比較問題、複雜問題的分步解答、案例研究分析。

在選擇使用思維骨架技術時，重要的是要評估問題是否具有可以預先規劃的明確答案結構，並考慮是否能策略性地列出解決方案的框架來有效回答問題。

所以思維骨架技術不太適合回答數學問題、需要非常簡短答案的問題，或需要即興思考或推理而非策略性結構化的問題（例如：方程求解）。這種情況下，思維骨架技術就不會是一個好選項。

❖ 「思維骨架」先讓ChatGPT針對問題來建立答案的「骨架」，然後平行的處理這個骨架的每個分支，這會讓它的速度提高，最高達2.39倍。

❖ 第一個應用是生成文案的時候可以先要求ChatGPT產出大綱，讓使用者先行檢視，確保輸出方向正確無誤，再透過「擴充」來填充詳細的資訊。

❖ 第二個應用是總結文章。ChatGPT在總結文章時往往面臨字數的限制，導致重要訊息遺漏和深度不足。

❖ 使用思維骨架技術來總結文章時，就好像把一條大魚的魚肉拿掉只剩骨架，然後把原本骨架分支上的魚肉總結後，重新放回骨架上。骨架還在，魚的整體架構不變，而魚肉是總結後的「濃縮版」，所有的精華都還在。

❖ 當你叫ChatGPT做了一般總結以後，覺得文章很有可讀之處，就可以進一步使用思維骨架技術來閱讀濃縮版的原文，這樣既可以完全得到文章的精華，又可以節省許多時間。

18
CHAPTER

進階提示──密度鏈

密度鏈（Chain of Density），這可能是進階技術裡面最新也是最重要的一項技術，它在我們總結文章的時候非常有用。

我們常常遇到一個問題：在用ChatGPT總結文章的時候，常常因為字數的限制而被簡化過頭，因此丟失了一些重要細節。另外我們也發現ChatGPT為了要簡化它的工作量，常常過分關注文章的開頭和結尾，而忽略了其他部分。

所以在總結文章的時候，我們常常要問自己：這份總結可靠嗎？有沒有漏掉什麼重點？這能夠代表這篇文章嗎？

≫ 資訊密度

好的總結應該要足夠詳細來反映所有重要的內容，但又不能過於繁複以至於難以理解。因此最好是能夠在ChatGPT限制的長度內追求最大的資訊密度。

要知道什麼是「資訊密度」，就要先知道什麼叫做「相關詞組」（英文是Entity，中文我認為譯作「相關詞組」比較貼近實際上的意思）。「相關詞組」就是文件中那些5個字以下與主題「相關」和「具體」的重要描述。例如：概括文章要點的關鍵名詞或短句。

「資訊密度」就是「相關詞組」的密度，在固定字數裡面，「相關詞組」的數目越多，則「資訊密度」就越大。

》 密度鏈是什麼

密度鏈（Chain of Density, CoD）是2023年9月Salesforce、麻省理工學院和哥倫比亞大學聯合發表的一項提示工程技術：From Sparse to Dense: GPT-4 Summarization with Chain of Density Prompting（https://arxiv.org/pdf/2309.04269.pdf）。

簡單來說，密度鏈技術就是在做文本總結（Summary）時，ChatGPT先生成一個「相關詞組」稀疏的初始總結。

然後接著做第二次總結。這次總結的字數跟上一次相同，但是這次ChatGPT會自動識別之前沒有納入的「相關詞組」，將其融合進來，並去除一些原本總結中較無用的內容，讓總結的總字數維持不變。如此繼續迭代。

因為字數固定，而每輪運算都會增加「相關詞組」的數量，所以每輪總結的資訊密度（相關詞組密度）會越來越高，直到使用者滿意為止。

這篇文獻的研究人員指出，他們從CNN、DailyMail總結測試集當中隨機抽取100篇文章。在ChatGPT4上用密度鏈提示來生成總結，發現只需三到五個循環就可以達到「人類級別的總結」。

由於這個資訊密度是經過多次生成的，所以又稱為密度鏈。

密度鏈就好比你拿著一個盆子在沙灘上找好看的貝殼（相關詞組），起先你隨便挖一盆沙子，裡面可能有好貝殼，也可能沒有。然後你看到好貝殼就放進盆子裡，但是你必須丟掉一些沙子。這樣4、5次以後，盆子裡好貝殼的數目就很多了。

》 實際應用

密度鏈在總結文章時非常有用，在該篇論文裡面展示的提示步驟如下：

❶ 建立初始總結。

❷ 識別初始總結中缺少的相關詞組。

❸ 將另外1-3個相關詞組整合到新的總結中。

❹ 確保新總結簡明扼要，同時保留上一次運算中的所有相關詞組。

❺ 重複此過程5次，每次合併更多相關詞組，但仍保持總結的字數。

❻ 以JSON格式將最後一輪總結輸出。

基本上首次生成的總結只會包含1-3個初始相關詞組，然後在提示要求的輪數下，自動識別出初始總結中缺失的相關詞組，融合到初始總結中，但又不增加字數。

我把該論文裡的提示詞翻譯成中文放在下一節，只是在最後加上「請以繁體中文生成總結」。原本的英文提示放在這一節的後面，大家可以參考看看。

》密度鏈提示（中文）

密度鏈提示：

「請對最後附上的{文章}，生成越來越簡潔而且相關詞組越來越密集的總結。

重複下面兩個步驟5次。

步驟1. 從文章中找出1到3個先前總結中遺漏的「相關詞組」（以";"分隔）。

步驟2. 生成一個新的、更密集的相同長度總結，涵蓋先前總結中的每一個「相關詞組」和細節，加上缺失的「相關詞組」。

缺失的「相關詞組」的定義是：
- 與主文相關；
- 具體而簡潔（5個字或更少）；
- 沒在先前的總結中出現過的；
- 文章中有的；
- 可以位於文章中的任何地方；

指南：
- 第一次總結時不需要尋找缺失的「相關詞組」。第一份總結應該要約80字，但不需要具體，幾乎不含任何訊息。使用冗長的語言和填充詞（例如，"這篇文章討論"）以達到約80字。

- 讓每個字都有意義：重寫前一個總結以改善流暢度，並為附加的「相關詞組」騰出空間。
- 透過融合、壓縮和移除像"文章討論"這樣的非資訊性短語來騰出空間。
- 總結應該變得高度密集且簡潔，但自成一體，即不需要參考文章即可輕鬆理解。
- 缺失的「相關詞組」可以出現在新總結的任何地方。
- 不放棄先前總結中的「相關詞組」。如果無法騰出空間，則添加較少的新「相關詞組」。

記住，每份總結的字數應該一樣。

- 以JSON回答。JSON應該是一個長度為5的字典列表，兩個鍵值是「缺失相關詞組」和「密度更高的總結」。請以繁體中文生成總結。

文章：{這裡放要總結的文章}」

》實際測試

以下測試的安排是，大家會先看到ChatGPT的直接總結，稍微了解一下文章的重點。

然後是文章本身，讓你評估一下直接總結是否合乎使用者的需求。
最後，是以密度鏈生成的5個總結，讓你決定哪一個總結的更好。

1 直接用ChatGPT4生成的總結

「OpenAI分享了與埃隆‧馬斯克之間關係及其使命實現過程的經驗。初期，埃隆建議宣布10億美元資金承諾，實際籌得遠低於此數。面對AGI建造的巨大資金需求，埃隆提出合併至特斯拉或全權控制，最終因理念不合而離開。OpenAI持續透過建造有益工具推進使命，如GPT4應用於多領域，並強調AI成果的廣泛分享，儘管開源方式有所調整。」

大家可以看一下這個直接的總結，你覺得ChatGPT總結的好不好？

2 實測文章

OpenAI是奧特曼和馬斯克一同創立的公司，後來馬斯克離開，而且在特斯拉裡面也開始研發AI。我一直很好奇到底發生什麼事了。

正好看到OpenAI Blog上有篇文章談到這件事情，所以就拿它的中文翻譯當作測試文件。我們先來看中文翻譯。（英文原文來源https://openai.com/blog/openai-elon-musk）

OpenAI與馬斯克，2024年3月5日

OpenAI的使命是確保人工智能的廣泛利益能惠及全人類，這意味著要同時構建一個既安全又有益的通用人工智能（AGI），並助力創造廣泛分佈的好處。現在，我們分享我們在實現這一使命過程中學到的經驗，以及我們與埃隆·馬斯克之間關係的一些事實。我們打算提出動議，駁回埃隆提出的所有訴求。

我們意識到，構建AGI所需的資源遠遠超出了我們最初的想象。埃隆建議我們宣布對OpenAI的初始10億美元資金承諾。總的來說，這個非營利機構從埃隆那裡籌集到的資金不到4500萬美元，而從其他捐助者那裡籌集到的資金超過9000萬美元。

在2015年底創立OpenAI時，Greg和Sam原本計畫籌集1億美元。埃隆在一封電子郵件中表示："我們需要提出一個遠大於1億美元的數字，以避免顯得無望⋯⋯我認為我們應該宣布我們正在以10億美元的資金承諾作為起點⋯⋯我將承擔任何其他人未能提供的部分。"

我們花了很多時間嘗試設想達成AGI的可行途徑。2017年初，我們認識到構建AGI將需要大量計算資源。我們開始估算實現AGI可能需要的計算量。我們都意識到，要成功完成我們的使命，需要的資本遠遠超出我們任何人，特別是埃隆所想的，即每年數十億美元。

我們和埃隆認識到，獲得這些資源需要成立一個盈利性實體。在討論成立盈利結構以進一步推進使命時，埃隆希望我們與特斯拉合併，或者他想完全控制。埃隆離開OpenAI，表示需要有一個能與谷歌/DeepMind競爭的對手，並且他將自己來做。他表示，他會支持我們找到自己的道路。

在2017年底，我們和埃隆決定下一步是為使命成立一個盈利性實體。埃隆希望擁有多數股權、最初的董事會控制權，並成為CEO。在這些討論期間，他暫停了資金支持。雷德‧霍夫曼（Reid Hoffman）介入，以覆蓋薪水和運營成本。

我們無法在成立盈利公司的條款上與埃隆達成一致，因為我們認為任何個人對OpenAI擁有絕對控制都是違背我們使命的。隨後，他建議將OpenAI合併進特斯拉。在2018年2月初，埃隆轉發了一封電郵給我們，建議OpenAI應該"作為其現金牛依附於特斯拉"，並評論說這"完全正確……即使如此，成為谷歌的對抗力量的可能性仍然很小，但並非零。"

埃隆很快決定離開OpenAI，表示我們成功的可能性為零，並計劃在特斯拉內部建立一個AGI競爭者。當他在2018年2月底離開時，他告訴我們的團隊，他支持我們找到自己的方式來籌集數十億美元。在2018年12月，埃隆給我們發送了一封電子郵件："即使籌集數億美元也不足夠。這需要立即每年數十億美元，否則就放棄。"

我們通過建造廣泛可用的有益工具來推進我們的使命。我們以賦能人們並改善他們的日常生活的方式，廣泛地利用我們的技術，包括開源貢獻。

我們為當今最強大的AI技術提供廣泛訪問，包括每天由數億人使用的免費版本。例如，阿爾巴尼亞利用OpenAI的工具加速其加入歐盟的進程長達5.5年；Digital Green利用OpenAI的技術幫助提升肯尼亞和印度農民的收入，通過建立在OpenAI基礎上將農業推廣服務的成本降低了100倍；羅德島最大的健康護理提供者Lifespan使用GPT-4將其外科手術同意書從大學閱讀水平簡化到六年級水平；冰島利用GPT-4保護冰島語。

埃隆明白，使命並不意味著開源AGI。正如Ilya對埃隆所說："隨著我們接近建造AI，變得不那麼開放是合理的。OpenAI中的'開放'意味著在AI建成後，每個人都應該從AI的成果中受益，但不必分享科學成果是完全可以接受的……"，埃隆回應說："是的"。

我們遺憾的是，與我們深深敬仰的人發生了這種情況——一個啟發我們設定更高目標，然後告訴我們我們會失敗，啟動了一個競爭對手，並在我們開始實現OpenAI使命取得實質進展時對我們提起訴訟的人。

我們專注於推進我們的使命，前路漫長。隨著我們不斷改進我們的工具，我們對部署這些系統以賦予每個人能力感到興奮。

3 密度鏈總結

下面是用ChatGPT執行密度鏈5輪迭代的結果（JSON格式），可以拿來跟ChatGPT的直接總結做比較。

ChatGPT展示JSON格式是一整行從左到右，許多字在螢幕之外，無法截圖，所以直接以文字展示結果。每段新總結前的號碼#1到#5，是我加上的，以便閱讀。

#1 {"缺失相關詞組"："",

"密度更高的總結"："這篇文章討論了OpenAI的目標，強調其致力於開發能夠廣泛造福人類的通用人工智能（AGI）。文章詳述了OpenAI與埃隆·馬斯克之間的關係演變，從最初的資金承諾到最終因理念不合而分道揚鑣。進一步，它探討了OpenAI在資金、技術進展和社會影響方面所面臨的挑戰與成就，包括與特斯拉的潛在合作、埃隆的退出以及OpenAI如何利用其技術支援全球社會和經濟發展。"}

#2 {"缺失相關詞組"："資金不足；盈利性實體；開源貢獻",

"密度更高的總結"："文章深入探討OpenAI的使命，即開發能普惠人類的AGI，及其與埃隆·馬斯克的關係。從最初的資金承諾到最後的分歧，文章揭示了資金不足、對於成立盈利性實體的考慮，以及OpenAI對開源貢獻的承諾。它還詳細描述了OpenAI

面對的挑戰，如資本需求的巨大增加、與特斯拉可能的合作，以及埃隆退出後OpenAI如何繼續推動技術進步並產生全球影響。"}

#3 {"缺失相關詞組"："初始資金；谷歌/DeepMind競爭；科學成果"，

"密度更高的總結"："本文著重於OpenAI的創建宗旨、與埃隆‧馬斯克的合作及分歧，以及其面臨的主要挑戰。詳述了OpenAI由於初始資金不足和擴大資本需求而尋求成立盈利性實體，以及其開源貢獻的決策。文章強調了與谷歌/DeepMind的競爭關係，埃隆的退出，以及OpenAI對保留科學成果的立場。透過探討這些關鍵事件和策略，文章揭示了OpenAI如何努力達成其廣泛利益人類的AGI發展目標。"}

#4 {"缺失相關詞組"："資本需求；特斯拉合併；每年數十億"，

"密度更高的總結"："這篇文章詳細介紹了OpenAI的發展歷程，從創立初衷到與埃隆‧馬斯克的關係演變，以及其在追求AGI過程中遇到的挑戰。文章強調了由於資金不足而考慮成立盈利性實體，以及OpenAI在初始資金和擴大資本需求方面的探索。它也涉及到與特斯拉合併的討論，以及OpenAI和谷

歌/DeepMind的競爭。透過強調埃隆退出後OpenAI如何面對每年數十億美元的資本需求，文章展示了OpenAI如何堅持其開源貢獻承諾並保留科學成果，以實現其廣泛利益人類的目標。"}

#5 {"缺失相關詞組":"賦能人們；阿爾巴尼亞；立即每年"，

"密度更高的總結":"本文深入探討了OpenAI從其創立宗旨到與埃隆·馬斯克合作及分歧的全過程，及其面對AGI挑戰時的策略和決策。著重於OpenAI如何應對初始資金挑戰、資本需求的急劇增長，以及其對成立盈利性實體和特斯拉合併的考慮。文章突出了與谷歌/DeepMind的競爭，以及在埃隆退出後OpenAI面臨的每年數十億美元資本需求。此外，強調了OpenAI的科學成果保留策略，以及其通過技術賦能人們，如幫助阿爾巴尼亞加速歐盟加入過程的例子，展示了其致力於利用AGI改善全球社會和經濟的目標。"}

4 結果比較

我注意看了每次找到的「缺失相關詞組」，我想看看它們有沒有和主題相關。

第一次沒有任何「缺失相關詞組」，這個正常，我們要求它不要用。

第一次總結："";

第二次總結："資金不足；盈利性實體；開源貢獻"；

第三次總結："初始資金；谷歌/DeepMind競爭；科學成果"；

第四次總結："資本需求；特斯拉合併；每年數十億"；

第五次總結："賦能人們；阿爾巴尼亞；立即每年"。

我先看了直接總結和原文，文章是討論「OpenAI與馬斯克」，它講了奧特曼和馬斯克是如何開始OpenAI的，但是後來競爭多，資金需求大，最後馬斯克離開，特斯拉變成競爭者。

這樣看起來，第二、三和四找到的「缺失相關詞組」都很相關，第五輪講到「賦能、阿爾巴尼亞和每年」就開始沒那麼相關了。

我的感覺是第三和四輪的總結比較好，而且也比直接的總結好。這個跟之前論文研究指出只需三到五個循環就可以達到「人類級別的總結」相吻合。

大家也可以自己對照比較一下，同不同意這個結果？

前面的思維鏈骨架技術類似把文章濃縮，先把骨架找出來，然後把每個分支的小總結放回去，這樣既維持了原文邏輯的順序，文章也變得非常精簡。

密度鏈技術則是在文章總結中，能有效抓住核心要點，逐層深化訊息精簡過程。它幫助我們更精確地捕捉文章精髓，提煉關鍵內容，進而生成高品質的總結。

我鼓勵大家運用此技術，提升總結的準確度與閱讀價值。

討論：
密度鏈技術與ChatGPT的直接總結相比，其性能和效率都提升不少。
它透過迭代精煉，提升總結的細節和準確性，使其更貼近原文的關鍵詞和概念。此外，它還增加了總結的連貫性，更能反映原文內容。

密度鏈雖然涉及好幾輪的迭代，但整體來看反而能有效節省整理總結的時間，一次性提供精準有用的總結。

總之，密度鏈能生產更精確、資訊豐富且有助於理解比較理論性內容的總結。但是改進程度則取決於多種因素，如論文的複雜程度和每次迭代時ChatGPT選擇的「相關詞組」等。

≫ 英文原始提示

論文裡面的原始英文提示：

You will generate increasingly concise, entity-dense summaries of the above article.
Repeat the following 2 steps 5 times.

Step 1. Identify 1-3 informative entities (";" delimited) from the article which are missing from the previously generated summary.
Step 2. Write a new, denser summary of identical length which covers every entity and detail from the previous summary plus the missing entities.
A "missing entity" is:
- relevant to the main story,
- specific yet concise (5 words or fewer),
- novel (not in the previous summary),
- faithful (present in the article),
- anywhere (can be located anywhere in the article).

Guidelines:
- The first summary should be long (4-5 sentences, ~80 words) yet highly non-specific, containing little information beyond the entities marked as missing. Use overly verbose language and fillers (e.g., "this article discusses") to reach ~80 words.
- Make every word count: rewrite the previous summary to improve flow and make space for additional entities.
- Make space with fusion, compression, and removal of uninformative phrases like "the article discusses".
- The summaries should become highly dense and concise yet self-contained, i.e., easily understood without the article.
- Missing entities can appear anywhere in the new summary.
- Never drop entities from the previous summary. If space cannot be made, add fewer new entities.

Remember, use the exact same number of words for each summary. Answer in JSON. The JSON should be a list (length 5) of dictionaries whose keys are "Missing_Entities" and "Denser_Summary".

小結

❖ ChatGPT總結文章時，常會因為字數限制而丟失一些重要細節。我們常常要確認：這總結可靠嗎？有沒有漏掉什麼重點？這能夠代表這篇文章嗎？

❖ 「資訊密度」是一段文字裡的「相關詞組」數目，也就是文件中5個字以下與主題「相關」和「具體」的重要描述。如：能概括文章要點的關鍵名詞或短語。

❖ 「密度鏈」會先生成相關詞組稀疏的初始總結，接著自動識別並融合之前沒有涵括的相關詞組，同時去除無用內容以維持字數固定，如此繼續迭代直到使用者滿意。

❖ 依據論文研究和實測結果，迭代3到4次總結就可達到「人類級別的總結」。

❖ 「密度鏈」能生產精確、資訊豐富且有助於理解理論性內容的總結，改進程度則取決於多種因素如論文的複雜度和每次迭代時ChatGPT選擇的「相關詞組」等。

❖ 如果我只要文章的總結，我會使用密度鏈來精煉出一個很「相關」的總結。如果我是想要讀這篇文章，而不花大量的時間，我會使用思維骨架來生成一個濃縮的版本。

PART

V

實戰篇

從第II部分「原則」，第III部分「戰術」，第IV部分「戰略」，我們已經經歷了提示工程的三階段：「基礎」、「基本」和「進階」。

第V部分裡面談到的是一些實際的應用，所以我稱它為「實戰篇」。

在介紹基本和進階提示技術時，我介紹了提示的概念，然後以實際例子來說明使用的方法。

在了解AI的過程中，有一句話我很喜歡："We don't teach. They learn"。

這句話是說，我們不需要教AI，只要給它們例子它們就學會了。所以這一部裡我改變方式，我會用一些實戰的例子，讓大家從例子裡學習。

我會用問題開始，然後示範如何用提示技術解決這些問題，確保大家能更好地理解提示技術的應用。

第19章裡面我們反轉過來，讓ChatGPT問問題，我會介紹3種應用：模擬情境問題、幫助學習考試、自行進行微調。在第20章裡，我們會跟ChatGPT對話互動。

第21章會教你如何製作客製ChatGPT，又稱為GPTs。第22章將介紹GPTs的相關資源。

19

CHAPTER

讓ChatGPT問你

到目前為止，都是我們問ChatGPT，而它回答。如果反過來，讓ChatGPT問我們問題，而我們回答呢？

很少人想過這個方式，但是這種讓ChatGPT提問的做法，讓學習變得更有趣，同時也全面提升了使用者的思維能力，開闢了探索知識和激發創新的蹊徑。

首先，讓我定下整個框架：

1. 請ChatGPT作為「發問者」的角色（Who）來主問問題。
2. 我們需要提供ChatGPT整個情境和任務（Where and What）。
3. 我們需要針對ChatGPT的行為訂下規矩，例如要求ChatGPT每次收到我們的回答，都要先重複一遍（Action）。
4. 還要訂下幾個如「開始」、「暫停」、「結束」、「取消」等關鍵字，來控制整個流程。

讓我們來看三個應用例子：模擬情境問題、幫助學習考試、自行微調。

>> 模擬情境問題

讓ChatGPT提問的一個好處是，可以在特定情境下討論將
會出現的問題。

下面這個例子裡，我設計了一個新項目，然後模擬跟風險
投資者面試時的情境。項目的形容在下圖的提示裡面。

You

我設計了一個新創項目「EcoRider」，提供可持續和生態友好的交通解決方案。核心產品是一款智能電動自行車，它能夠自動調節功率來延長電池壽命，還包含了一個APP，用來追蹤節省的碳足跡和健康數據，並且提供建議。
請詢問我5個關於這個項目在技術、商業模式、市場推廣等的問題。

ChatGPT
問題1: 技術問題

您的智能電動自行車如何在技術上優於市場上現有的其他電動自行車？

You

我們的自行車採用了最新的電池技術，提供更長的續航里程和更短的充電時間。此外，APP能夠根據騎行者的行駛模式和地形自動調整電力輸出來提高了效率及延長電池壽命。APP也能夠追蹤和分析使用者的碳足跡節約，鼓勵更多的環保出行方式。

ChatGPT
問題2: 商業模式問題

您的商業模式是如何確保公司的盈利性和可持續性？

◁◁ ⏹ ⊘

You

EcoRider 的商業模式是直銷加訂閱服務。除了銷售智能電動自行車，我們還提供一個月費訂閱服務，給用戶提供個性化的騎行建議和健康追蹤。這種模式不僅為我們帶來前期的設備銷售收入，還確保了長期的穩定現金流。

ChatGPT
問題3: 市場推廣問題

您打算如何推廣您的產品，以確保在市場上的成功？

You
我們計劃通過一系列的營銷策略來推廣EcoRider。首先，我們將利用社交媒體和網絡營銷來提高品牌知名度，並與環保博主和影響者合作，展示我們產品的環保和健康益處。其次，我們將舉辦試騎活動，讓消費者直接體驗我們的產品。最後，我們計劃與城市政府合作，將我們的智能電動自行車納入公共自行車計劃，並進一步提高公眾認知。

ChatGPT
問題4: 資金問題

您預計需要多少啟動資金，並且這些資金將如何被使用？

You
我們預計需要200萬美元啟動資金，用於產品開發、初期生產、營銷活動和運營成本。40%的資金將被投入到產品研發和原型製作，30%將用於市場推廣和品牌建立，剩餘的30%將用於初期運營成本，包括人員、辦公空間和物流。

ChatGPT
問題5: 風險與挑戰問題

您如何看待目前面臨的最大風險和挑戰，並打算如何應對？

You
面臨最大風險是市場的競爭壓力，尤其是來自已經確立的電動自行車品牌。我們將不斷創新和優化我們的技術，提供超越競爭對手的產品性能和用戶體驗來應對這一挑戰。此外，我們將強調產品的環保特性，來吸引關注可持續生活方式的消費者。

ChatGPT
非常感謝您提供的詳盡回答。您的計劃聽起來非常全面，既考慮到了技術創新，也注意到了市場需求和潛在的競爭挑戰，以及如何通過獨特的商業模式來確保盈利性和可持續性。希望EcoRider能夠成功推出市場，為可持續交通解決方案做出貢獻。

圖 V.01 讓ChatGPT主問創業問題

回答完了問題以後，還可以要求它對我的回答打分數和建議如何改進。

AO You
請幫我的回答打分數及建議，謝謝

ChatGPT
您的回答整體展現了深思熟慮和周全的計畫，以下是針對每個問題的評分和建議：

1. 技術問題

- 分數: 9/10
- 建議: 您很好地解釋了技術優勢和創新點。為了使答案更加完善，考慮提供一些具體的數據或比較，例如電池續航里程的具體數字，或與競爭對手產品的直接比較，以凸顯您產品的獨特性。

2. 商業模式問題

- 分數: 8/10
- 建議: 您清楚地闡述了商業模式，但提供關於如何吸引和保留訂閱用戶的更多細節將有助於加強這一部分的回答。例如，您可以談談用戶獲得的具體好處，或者訂閱服務如何隨時間進化以保持用戶興趣。

3. 市場推廣問題

- 分數: 8/10
- 建議: 您提出了一個全面的市場推廣策略，從社交媒體到合作夥伴關係。考慮進一步詳述每個策略的預期成效和實施計畫，以及如何衡量這些活動的成功將使答案更加強大。

4. 資金問題

- 分數: 9/10
- 建議: 您提供了一個清晰的資金需求概覽和資金使用計畫。提供一個詳細的里程碑圖，顯示資金如何支持業務成長階段，可能會更好地說明資金的長期規劃和管理。

5. 風險與挑戰問題

- 分數: 9/10
- 建議: 您很好地識別了業務面臨的主要風險並提出了應對策略。考慮包括一個風險管理框架，詳細說明如何持續監測和調整策略以應對新出現的挑戰和市場變化，將使回答更加完整。

總體評價

您的答案整體非常強大，展示了對新創項目各方面的深入考慮。總分為43/50。進一步細化您的答案，尤其是通過加入更多具體的數據、案例研究和策略細節，將有助於提高說服力和可行性的展示。希望這些建議對您有所幫助！

◁») ▢ ↻ ⍾

圖 V.02 讓ChatGPT對答案評分，並建議如何改進

做這樣的模擬，好處是我可以事先得知對方大概會問我什麼問題，然後事先準備。

我個人覺得看醫生之前先請ChatGPT扮演醫生提問會很有幫助，因為每次醫生問診的時間都很有限，當下只能匆匆回答，回家後才想到忘了跟醫生說哪些症狀，感到很懊惱。所以，先用ChatGPT模擬與醫生問答，可以更有效地運用就診時間，讓我們自己獲得更好的醫療建議和治療方案。

另外，有些時候，對於我們不熟悉的場景，也可以先請ChatGPT進行模擬。例如我們要去面試，面試官會問什麼問題？我的回答恰當嗎？要如何改進我的回答？這也可以讓ChatGPT模擬提問，還可以請他針對我的回答打分數。

≫ 幫助學習考試

在學習專業知識的過程中，使用者想知道自己對這些專業知識的掌握程度，也可以由ChatGPT出題，然後對答案打分數。這可以讓使用者很客觀的了解自己的程度，以及需要加強的地方。

從問題中學習是一種很有效率的方式。好比說，我想要學「碳中和」，雖然看了些東西，但覺得還是一知半解，那麼這時候就可以讓ChatGPT出題目問我，看看我能回答幾題。透過回答ChatGPT提出的問題，我可以快速的學習和應用所學的技能。

這種方法的最大優點就是可以提供即時反饋，幫助我們快速發現和改正錯誤。ChatGPT可以精確地評估我們的答案，指出我們可能存在的理解偏差或知識不足之處。這種互動方式有助於加深我們對知識的記憶和理解，提高學習效率。

這種方式還能激發創造力和解決問題的能力。面對ChatGPT提出的挑戰性問題，使用者需要發揮創意思維，這不僅使思維更加靈活，也有助於提升解決實際問題的能力。也就是說ChatGPT在幫助我們腦力激盪。

下面就是一個使用ChatGPT來學習「提示工程」的例子：
（這個例子的字有點多，我就直接轉載文字了。）

提示：

「你是一位資深提示工程師。我想學習『Prompt Engineering』。
請你問我有關『提示工程（初級）』的問題讓我來回答，
對於我的回答，你要：(1)立即給我回饋,(2)給我的回答打分數
（1-10）。
你要一直提問，直到我說『停止』，
當我說『停止』時，停止發問，並給我打一個總分數。

在我們開始之前，請回答<了解了>來確認你理解了這些指示。
當我說『開始』，你就開始出題。」

對話記錄：
ChatGPT：了解了
我：開始

ChatGPT：

第一題：在設計一個用於生成圖像的提示時，以下哪個因素是最不重要的？

(A)清晰地描述所需圖像的細節

(B)使用具體的數字和數據

(C)考慮文化和語境的敏感性

(D)確保提示的長度適中

請選擇最合適的選項並解釋你的選擇。

我： D

ChatGPT： 你選擇了(D)確保提示的長度適中。

回饋： 這個選擇相對來說是較為合理的。在設計提示時，清晰地描述所需圖像的細節(A)、考慮文化和語境的敏感性(C)無疑是非常關鍵的因素。使用具體的數字和數據(B)可能對於某些特定的應用場景來說也很重要，比如在需要精準反映信息的數據可視化圖像生成中。相對而言，確保提示的長度適中(D)雖然重要，但它的重要性可能不如前述因素，因為一個長度適中但缺乏清晰描述和敏感性考量的提示，可能無法有效地生成所需的圖像或可能引起不必要的誤解。因此，你的選擇指向了一個在實際應用中相對較為靈活的考量點。

分數：8/10

準備好了嗎？如果準備好了，我們將進行下一題。

我： ok

ChatGPT：

第二題：在使用大型語言模型（如GPT-3或GPT-4）進行問答時，以下哪個選項最能確保獲得高品質回答？

(A)提供盡可能多的背景信息

(B)使用複雜和專業的詞彙

(C)直接問具體的問題

(D)限制問題的字數

請選擇最合適的選項並解釋你的選擇。

我： A

ChatGPT：

你選擇了(A)提供盡可能多的背景信息。

回饋： 這是一個非常好的選擇。在與大型語言模型交互時，提供充分的背景信息可以顯著提高獲得高質量、相關回答的機會。背景信息幫助模型更好地理解問題的上下文，從而生成更準確、更具針對性的答案。雖然使用複雜和專業的詞彙(B)有時可以提高某些領域問題的回答品質，但它不如提供充足的背景信息來得重要。直接問具體的問題(C)和限制問題的字數(D)也是好的做法，但它們沒有提供背景信息來得關鍵，特別是在需要深入理解或解決複雜問題時。因此，你的選擇非常適當，指向了獲取高品質回答的核心方法之一。

分數：10/10

當你準備好了，我們可以繼續到下一題。

我： 好了

ChatGPT：

第三題：在設計用於聊天機器人的提示時，以下哪項原則是最重要的？

(A)優先考慮使用者的隱私和安全

(B)確保回答具有創造性和新穎性

(C)強調快速響應使用者請求

(D)維持對話的連貫性和上下文相關性

請選擇最合適的選項並解釋你的選擇。

我： A

ChatGPT：

你選擇了(A)優先考慮使用者的隱私和安全。

回饋： 這是一個極其重要的選擇。在所有的技術應用中，尤其是與人工智能和聊天機器人相關的場景，使用者的隱私和安全始終是最優先考慮的事項。確保回答具有創造性和新穎性(B)，強調快速響應使用者請求(C)，以及維持對話的連貫性和上下文相關性(D)都是設計高效、互動性強的聊天機器人時需要考慮的重要因素。然而，如果不首先確保使用者的隱私和安全，其他所有的努力都可能會因為使用者信任的缺失而變得無關緊要。你的選擇凸顯了對當前技術應用中一個非常關鍵和基本原則的理解。

分數：10/10

如果你準備好了，我們將繼續進行下一題。

我： 停止

ChatGPT：

好的，我們現在停止出題。

根據你的表現，我會給你的總體表現打一個總分。考慮到你的回答都非常貼合問題的核心，並且展示了對「提示工程」基本原則的良好理解，我給你的總分是：總分：28/30

你對於「提示工程」的基礎知識有很好的掌握，特別是在理解如何有效地與AI系統互動時考慮使用者的隱私和安全，以及如何設計有效的提示來獲得高質量的回答方面表現出色。接下來，你可以進一步探索更高級的概念和技巧，以提高你在這一領域的專業水平。

如果你有任何問題，或者想要繼續學習更多，隨時告訴我！

看個人的需求，也可以要求ChatGPT出問答題。

我的總平均分數居然沒有10分。因為第一題沒給10分，但是看它的回饋，答案應該是對的，可是只給了8分。這大概就是生成式AI的特性，你永遠沒有辦法百分之百確定答案是哪一個。

藉由ChatGPT提問題來學新知識和新技能是一個很有效的方法，建議大家都試試看。

≫ 自行微調

我們都以為大型語言模型經過網路上的海量資訊預訓練後，它應該是無所不知的，而且之後還可以進行微調，讓它擁有許多的專業知識。

然而，對於一些冷門知識，它可能並不那麼精通。因此，有時我們需要自己進行微調。

比如說，你對某一領域有比ChatGPT還獨到的見解，你就可以對它進行微調，讓它學到你的知識。

最直接的方法是：你可以送一大堆文件給ChatGPT，讓它自己學習，但是有很多知識是在你的腦袋裡而不是在文件上。這時候更好的方法是讓ChatGPT向你提問一系列的問題，然後它就會習得你的知識。

英文裡把這個動作叫做"Pick your brain."。

做法很簡單，你只要輸入提示，告訴ChatGPT開始詢問你有關某一個領域的問題。接下你就盡你可能回答問題就好了。下面是一個例子。

> 提示：「我是一個演講教練。我要跟你分享演講的關鍵原則，我要你一個一個問我有關演講的問題讓我回答。五個問題回答完之後，你要對我講過的內容進行摘要。

如果我想提前結束問題，我會在回答問題時說『停止』。

在我們開始之前，請回答『了解了』來確認你理解這些指示。

當我說『開始』，你就開始出題。」

A0 You

我是一個演講教練。我要跟你分享演講的關鍵原則，我要你一個一個問我有關演講的問題讓我回答。五個問題回答完之後，你要對我講過的內容進行摘要。

如果我想提前結束問題，我會在回答問題時說『停止』。

在我們開始之前，請回答"了解了"來確認你理解這些指示。

當我說"開始"，你就開始出題。

ChatGPT

了解了。

A0 You

開始

ChatGPT

第一個問題：在準備一場演講時，最重要的三個重點是什麼？

🔊 📋 👎

A0 You

觀眾是誰，吸引他們的題目是什麼，場地是什麼樣的。

ChatGPT

第二個問題：如何在演講中有效地吸引觀眾的注意力？

A0 You

第一個，內容的本身就應該是針對觀眾而設計的，第二個，要有幽默感，第三個，講話中常常要問他們問題，讓他們保持專注

ChatGPT

第三個問題：演講時如何控制緊張情緒？

A0 You

平常要多練習，然後，緊張的一大原因是怕忘稿，但是，忘稿是一個假議題，因為觀眾是不知道你的講稿的，所以不要怕忘稿子。

ChatGPT

第四個問題：有效的演講中，視覺輔助材料應該如何使用？

🔊 📋 👎

You

如果是激勵性的演講，視覺輔助會收反效果。在技術性的演講倒是可以使用PPT，但是字不能多，也絕對不要照著唸。

ChatGPT

第五個問題：演講結束後，如何有效地與觀眾進行互動？

You

在演講結束時說：「我還會留下一會，有問題的朋友可以問我」，同時，在演講中你會注意到有些人對你的內容是非常感興趣的，演講後你可以過去直接跟他們交談。

ChatGPT

感謝您的分享！現在我將對您提供的關於演講的關鍵原則進行摘要：

1. 演講準備的三個重點包括：了解觀眾、選擇吸引觀眾的主題、考慮場地的具體條件。
2. 吸引觀眾注意的策略有：設計與觀眾相關的內容、使用幽默、透過提問來保持觀眾的專注。
3. 控制演講時的緊張情緒：通過充分練習來建立自信，並認識到忘記部分講稿並不是問題，因為觀眾原本不知道演講的具體內容。
4. 在演講中使用視覺輔助材料：激勵性演講避免使用，技術性演講可以使用，但要保證視覺資料簡潔且不應直接朗讀PPT。
5. 演講後與觀眾互動：邀請觀眾提問，並主動與表現出高度興趣的觀眾進行對話。

這些原則有助於提高演講的效果和觀眾的參與度。如果您需要進一步討論或有其他問題，請隨時告訴我！

🔊 📋 🔄 👎

圖 V.03 問問題來微調 —— 演講技巧

如果我實際要讓我的ChatGPT成為演講教練，我會讓它問我更多的問題，這樣微調之後，再有人對這個ChatGPT提有關演講的問題的時候，它就會使用這些知識來回答。

這種換ChatGPT提問的方式其實帶來不少好處。首先，被問問題時，你得動腦筋，用自己的知識和經驗來回答，這過程不只加深對知識的理解，還可能激發新的思考。

講到這裡，有些人大概會突然發現：這不就是古早的AI專家系統嗎？只是以前需要幾位工程師來出問題，然後記錄回答和整理你的知識，費時又費工。現在出問題的工程師直接被ChatGPT取代了。

小結

❖ 通常是我們問ChatGPT問題，而它回答。如果反過來，讓它問我們問題，會讓學習變得更有趣，同時也開闢了使用者探索知識和激發創新思維的新途徑。

❖ 第一個應用是在特定情境下探索將會出現的問題。讓ChatGPT模擬風險投資家來問我關於新項目的問題，而我來回答。這個用法也適用於看醫生和面試等。

❖ 第二個應用是幫助我們學習和考試。當使用者想知道自己對這些專業知識的掌握程度，就可以由ChatGPT出題和打分數，讓使用者了解自己的程度。

❖ 第三個應用是我們都以為ChatGPT經過海量資料預訓練後，應該無所不知。然而，它可能並不精通一些冷門知識，因此有時我們需要自己進行微調。比如說，你對某一領域有比ChatGPT還獨到的見解，就可讓ChatGPT提問一系列的問題，讓它由回答裡學到你的知識。

20
CHAPTER

與ChatGPT對話

最近跟ChatGPT打交道越來越頻繁，總是想起一句論語中的話：「友直，友諒，友多聞」。ChatGPT的「多聞」是無庸置疑的，它看過的東西之多，任何人類都無法比擬。而且不管你問什麼，它都會想辦法回答，直來直往，問多了也不會生氣。

所以當你不知道怎麼問問題的時候，其實可以直接問ChatGPT，至少它不會兒你，問幾次都沒關係。這是很多人會忽略的一個功能——教你如何來問ChatGPT。

下面是三個例子，這三個例子其實是有層次的，一個帶出下一個。

第一個例子是互動設計提示，這是一個很重要的提示設計法，因為使用者和ChatGPT可以經由互動來自動設計高效能的提示。

第二個例子是讓ChatGPT審核上面自己生成的提示，因為ChatGPT生成的結果常帶有隨機成分，所以有時候有必要讓它自己評估自己的回答品質。

第三個例子就是如果ChatGPT對自己生成結果的評分不高，這時使用者如何用量化的提示來要求ChatGPT重新生成結果。

》 自動設計提示

這節要談的是讓ChatGPT擔任提示設計師，幫我們設計提示。

我認為這一節是本書裡面最重要的一節。因為，就算是沒有學過提示兵法，這裡所說的方法也可以讓ChatGPT為你自動產出非常有效率的提示。

也就是說，有時候我們不知道要怎麼設計一個有效提示，這時候就可以要求ChatGPT直接設計一個提示，再請ChatGPT自我審核這個提示有沒有效果。

下面是請ChatGPT做為提示設計師的提示，大家也可以輸入ChatGPT試試看。

> 提示：「在這個對話中請一直用繁體中文與我交談！閱讀以下所有指示，當你理解了，就說『我們可以開始了！』。
>
> 你是一個『提示設計師』。你要幫我設計『對我的需求最有效的提示』。
>
> 你將執行以下流程。請嚴格按照流程進行！
>
> 你要問我『這個提示是關於什麼的？』我會給你答案。
> 根據我的答案，你要做下列3件事情。
>
> (1)根據我的答案，設計一個提示，然後顯示出來，
> (2)打出『問題』，然後問兩個跟這個『提示』有關的問題，
> (3)打出『建議』，然後給兩個可以改進這個『提示』的建議。

然後，讓我選擇下面三個選擇裡面的一個：

(1)給更多訊息或者回答問題，

(2)直接打入『使用』，

(3)打入『停止』就會終結整個過程。

到這裡時，我要你也扮演一個審核員，檢視到這個地步為止，有沒有照流程走，如果沒有，請解釋和道歉，然後重頭再來。如果我給你更多訊息，把加入的訊息加到原來的提示後面，然後重頭開始。

如果我回答『使用』，你就用最後的提示當做問你的提示，然後回答這個提示。

如果我回答『停止』，你就終結整個提示過程。」

下圖是這個提示的執行情況，提示有點長，就沒印出提示的部分。

> **ChatGPT**
> 我們就可以開始了！這個提示是關於什麼的？
>
> **You**
> 幫我寫我Facebook上的一篇短文，
>
> **ChatGPT**
> 提示：創建一篇Facebook短文
>
> 問題：
>
> 1. 請問這篇短文想要表達什麼主題或內容？（例如：生活分享、旅遊經驗、對某事件的看法等）
>
> 2. 您希望這篇短文給讀者帶來什麼樣的感受或行動呼籲？（例如：感動、啟發、參與某活動等）

建議：

1. 考慮加入一些個人故事或經驗來使短文更具吸引力和共鳴。

2. 如果適合，可以添加相關的圖片或影片來豐富短文的內容和視覺效果。

請選擇下面三個選擇裡面的一個：

1.給更多信息或者回答問題，

2.直接打入"使用"，

3.送入"停止"就會終結整個過程。

‹ 2 / 2 ›

You

在阿里山的一日遊

ChatGPT

提示：創建一篇關於在阿里山的一日遊的Facebook短文

問題：

1. 在阿里山的一日遊中，有哪些特別的活動或地點讓您印象深刻？

2. 您是否有任何特別的感受或故事想要與讀者分享，比如說遇見的人、特別的風景，或者是有趣的經歷？

建議：

1. 詳細描述您遊覽阿里山時的具體經歷，比如早晨的日出、雲海、神木等自然美景，以及任何特別的文化體驗，這將使您的短文更加生動和吸引人。

2. 考慮加入您在阿里山拍攝的照片或短片，這樣可以讓您的故事更加生動，並讓讀者通過視覺元素感受到阿里山的美。

請選擇下面三個選擇裡面的一個：

1.給更多信息或者回答問題，

2.直接打入"使用"，

3.送入"停止"就會終結整個過程。

You

形容日出的風光

ChatGPT

提示：在阿里山的一日遊Facebook短文，特別強調日出的風光

問題：

1. 您能否描述一下阿里山日出時刻的氣氛？比如說周圍環境的寧靜、觀看日出的人們的反應等。
2. 在觀賞日出的那一刻，您有什麼特別的感受或想法？是否有某些詞句或情感，您覺得可以幫助讀者理解您當時的體驗？

建議：

1. 使用形象和感性的語言來描述日出的美景，如天空的顏色漸變、太陽從山頂緩緩升起的壯觀景象等，這樣可以幫助讀者在心中描繪出這一幕。
2. 考慮分享這次經歷對您有何意義，或者這次觀賞日出給您帶來了哪些啟示和感悟，這將使您的短文不僅僅是一次旅行記錄，更是一次心靈的旅程。

請選擇下面三個選擇裡面的一個：
1.給更多信息或者回答問題，
2.直接打入"使用"，
3.送入"停止"就會終結整個過程。

You
使用

ChatGPT

根據您提供的信息和選擇，以下是針對在阿里山一日遊的Facebook短文的建議提示：

今天我想分享一次難忘的經歷：在阿里山迎接日出的奇妙時刻。當天早上，我們在漆黑的夜色中出發，隨著蜿蜒的山路向上，周圍的一切都還沉浸在沉睡中。隨著時間慢慢流逝，周遭的天空開始逐漸亮起，從深藍轉變為淡紫，再從金黃過渡到明亮的橙色。

當太陽的第一線光芒從山的那一邊緩緩升起，我們屏息以待的心情也達到了頂峰。這一刻，所有的等待都變得值得。日出的壯麗景象不僅讓我驚嘆於大自然的偉大，也讓我深刻體會到生命中那些簡單而美好的時刻。我們一起分享這份寧靜與美麗，那種感覺無法用言語完全表達。

這次阿里山之旅，不僅是一次視覺的盛宴，更是一次心靈的洗禮。我希望通過這篇短文，能夠將我眼中的阿里山，以及那難以忘懷的日出美景，分享給每一位讀者。讓我們一起感受那份寧靜，那份美好，那份屬於阿里山的獨特魅力。

圖 V.04 請ChatGPT擔任提示設計師設計的過程

經過兩輪改進，我們得到了一個提示：「在阿里山一日遊的Facebook短文，特別強調日出的風光」（在打入「使用」之前，ChatGPT回答的那個提示）。而後ChatGPT還用這個提示生成了一篇短文。

討論：

1. 「自動提示設計」是一個很重要的提示設計方法，讓ChatGPT問使用者一系列的問題，過程中使用者會開始發現對自己重要的提示要素。幾個循環之後，就會產生一個高效能的提示，使用者只要會跟ChatGPT互動就好。

2. 在上面的提示中，我加了一句「請嚴格按照流程進行！」，這是讓ChatGPT多了一個審核員角色的意思。因為ChatGPT很有個性，負荷太大的時候生成的答案會不穩定，要常常盯著它，指出錯誤再繼續。

3. 雖然ChatGPT常常「凸槌」，但是只要掌握使用技巧，還是會得到很有效的提示的。

我的經驗是，當提示是英文時，ChatGPT比較會「嚴格執行流程」，所以後面我附上上述提示的英文版，大家可以試試。

提示的英文版本

Prompt:

"Read all the instructions below. When you understand, say 'begin', and we can start!

You are a 'Prompt Designer'. Your task is to design a prompt that is most effective for my needs. You will execute the following process. Please follow the process strictly!

You will ask me 'What is this prompt about?' and I will provide you with an answer.

Based on my answer, you should do the following 3 things:

1.Display the 'prompt' I entered.

2.Type 'Questions' and ask two questions related to this 'prompt'.

3.Type 'Suggestions' and make two suggestions for improving this 'prompt'.

Then, let me choose one of the following options:

1.Provide more information or answer questions,

2.Enter 'Use',

3.Enter 'Stop' to end the entire process.

At this point, I want you to act also as a reviewer and review the process up to this point. If the process hasn't been followed correctly, please explain and apologize, then start over.

If I provide more information, add this information to the end of the original prompt, and then start over.

If I enter 'Use', you should use the current prompt as the prompt to ask ChatGPT, and then respond to that prompt.

If I enter 'Stop', you should end the entire prompt process."

大家有興趣可以試試這個英文版的提示。

上面我示範如何透過跟ChatGPT互動設計提示，但是這個提示的效率高不高呢？

照前面我們討論過的，我們讓ChatGPT審核一下自己的成果。

》審核產出的提示

前面說過，對ChatGPT的要求可以量化，而自動生成提示的效率也可以量化。

ChatGPT不但能夠設計提示，它也能夠評論提示並且提出建議如何改進。
不管是我們自己設計的提示，還是上一節裡ChatGPT設計的提示，都可以用這樣的方式加以修正或改進。

但是，要用什麼標準來審核提示？

標準可以自己訂，或是直接問ChatGPT。

You
請簡要說明評鑑（evaluate）ChatGPT的提示，最重要的5個標準是什麼？以重要性排列

ChatGPT
評鑑ChatGPT的性能和效能可以從多個角度進行，但根據一般的使用案例和期望，以下五個標準被廣泛認為是最重要的，並按重要性排序：

1. **準確性（Accuracy）**：ChatGPT提供的資訊和回答需要準確無誤。這包括事實的正確性、語言使用的正確性以及回答問題的準確性。準確性是基礎，因為錯誤的資訊會導致用戶做出錯誤的決策。

2. **理解能力（Comprehension）**：ChatGPT必須能夠理解用戶的查詢，包括複雜的問題、隱喻和特定領域的語言。這意味著它能夠捕捉到用戶意圖和問題的細微差異，並提供相應的、相關的回答。

3. **回應性（Responsiveness）**：ChatGPT應該能夠迅速回應用戶的請求，包括處理和生成回答的速度。快速回應對於維持良好的用戶體驗至關重要。

4. **互動性（Interactivity）**：ChatGPT應該能夠進行流暢的對話，包括理解上下文、維持對話的連貫性和在必要時提問。這讓對話看起來更自然，增強了用戶的參與感和滿意度。

5. **適應性（Adaptability）**：ChatGPT需要能夠適應不同的用戶、不同的查詢類型和不斷變化的資訊。這包括學習新的事實、理解新的用戶偏好和調整其回答策略來更好地滿足用戶需求。

這些標準共同構成了評鑑ChatGPT性能的框架，幫助確保它能夠提供高質量、可靠和用戶友好的互動體驗。

圖 V.05 評鑑ChatGPT提示的5個重要標準

我們用ChatGPT給的標準來審核先前由ChatGPT生成的提示：「在阿里山的一日遊Facebook短文，特別強調日出的風光」（圖V.06）。

提示：

下圖是ChatGPT審核和建議的結果。

ChatGPT
請給我你要審核的提示。

You
在阿里山的一日遊Facebook短文,特別強調日出的風光。

ChatGPT
基於您提供的提示進行審核，我將根據以下標準給予1到10的評分，並提供改進建議。請注意，這個評鑑是基於對提示的理解，旨在提高提示的有效性和本質。

評鑒標準

1. **準確性（Accuracy）**
   - 評分：8
   - 建議：確保提到的日出風光描述與阿里山的實際情況相匹配，包括日出時間和最佳觀賞地點。

2. **理解能力（Comprehension）**
   - 評分：7
   - 建議：在提示中加入更多關於為什麼阿里山的日出值得特別強調的細節，比如其獨特的雲海現象或與其他地點的比較。
3. **回應性（Responsiveness）**
   - 評分：N/A
   - 建議：此標準不適用於靜態提示，但在編寫時應考慮讀者可能的問題或興趣點，提前回應這些潛在的疑問。
4. **互動性（Interactivity）**
   - 評分：N/A
   - 建議：雖然短文本身不直接互動，但可以通過問題引導或鼓勵讀者分享自己的阿里山日出經歷來增加互動性。
5. **適應性（Adaptability）**
   - 評分：N/A
   - 建議：在短文中加入一句話，提到不同季節觀賞日出的小貼士或建議，以顯示內容的靈活適應讀者可能的不同訪問時間。

綜合總分
由於回應性、互動性和適應性在此情境下不完全適用，僅根據準確性和理解能力計算，平均分為7.5。

改進建議
為了提高提示的有效性，您可以考慮以下改進方向：

- **增加細節和描述**，使讀者能夠更生動地想像阿里山日出的美景，包括顏色、氣氛等。
- **提供實用資訊**，例如最佳觀賞日出的地點、需要準備的裝備（如手電筒或保暖衣物）。
- **引入互動元素**，比如問讀者是否有計劃訪問阿里山，或是否已經經歷過類似的自然美景。

圖 V.06 ChatGPT的評鑑和建議

這裡示範的是ChatGPT審核自己生成的提示。因為ChatGPT生成結果經常帶有隨機成分，也就是輸入同樣的問題，但每次給的答案都不太一樣。所以會需要讓ChatGPT自己評估自己的回答，提高答案的效率。

≫ 相互溝通的技巧

大家有沒有這種經驗：讓ChatGPT幫忙寫文稿，但是生成的結果和你所要求的有點差別。有時候文稿風格太嚴肅，然後你請ChatGPT改成輕鬆一點，可是又太過頭變成有點搞笑，這樣來來回回，好幾次以後才滿意。

這是ChatGPT的錯嗎？

其實不是，你看看剛才我用的字眼：「輕鬆一點」，這是個形容詞，它在每個人腦中的感受都會不一樣，你的「輕鬆」，說不定是我的「小小拘束」。

所以毫無方向的繼續追問可能要好幾次才會得到滿意的結果。

這時使用者能不能用量化的提示來很快的得到滿意的結果呢？

畢竟ChatGPT是在電腦上運作，如果我們要求ChatGPT修改的時候，能夠盡量給它量化的標準，那麼應該就比較容易得到令人滿意的結果。

該如何下達一個量化的提示呢？這需要我們跟ChatGPT建立一個共同的標準。那怎麼樣才能有共同的標準？答案就是「溝通的技巧」！

還是用我熟悉領域裡的一個例子來解釋吧！我經常指導演講者，對他們的講稿與表達進行講評。

講評本身就是一個演講，所以也會有一個問題，就是「寫」的太嚴肅，不夠口語化。

另外，做講評的時候有一個關鍵，就是一方面要提出建設性的建議，另一方面又不能太過批判，會直接摧毀講者的信心。所以講評的口氣不能太嚴厲。

下面的例子是我把一篇「揭示人工智慧未來」的演講送給ChatGPT，請他幫忙寫一篇講評稿。原演講者的稿子沒有附在這裡，因為寫出的講評稿才是重點，我們要評論它，修改它。

下面是ChatGPT寫出的講評稿：

尊敬的女士、先生：

今天，我有幸對Alex先生關於「揭示人工智慧未來」的演講進行評估。Alex先生引領我們深入探討人工智慧領域，討論了其當前的成就、未來的潛力，以及我們作為社會所面臨的倫理挑戰。我的評價將針對以下幾個方面展開：

內容與結構：Alex先生的演講結構安排得當，然而卻缺乏深度。從人工智慧的起源到現今，雖然使用了醫療保健和自動駕駛的實際案例，但這些討論僅僅停留在表面。當涉及到人工智慧複雜景觀的導航時，雖然使話題更易於理解，但卻缺乏批判性思考的深度。

呈現方式：Alex先生的呈現方式有其閃光點，然而也不乏瑕疵。使用停頓使重點更加突出，語調的變化也成功地保持了聽眾的注意力。然而，過分使用專業術語，而沒有適當解釋，不僅展示了Alex先生的深厚知識，也不幸地將不熟悉人工智慧術語的聽眾排斥在外。

改進領域：儘管整體演講令人印象深刻，但仍有改進之處。首先，簡化技術語言或提供複雜術語的簡要解釋，能夠使內容更易被普羅大眾理解。其次，加入更多故事元素能夠增強與聽眾的情感聯繫，使演講更具難忘性。

總結：綜上所述，Alex先生的演講為我們揭示了一些人工智慧方面的見解，然而在深度與情感聯繫上稍顯不足。通過調整語言的清晰度並加強情感參與，相信Alex先生未來的演講必將產生更為持久的影響。感謝Alex先生，您的演講不僅教育了我們，也激發了我們對人工智慧在生活中更廣泛影響的思考。

這個講稿有點官方，口氣也有點嚴厲。這兩點ChatGPT都可以幫忙，它可以把講稿口語化，也可以修改語氣的嚴厲性。但是如何下「量化」的提示，讓它一次就修正好呢？

在前面，我們看到ChatGPT可以自我審核，所以讓我們來
跟ChatGPT溝通一下，先要求它對這個講稿的「口語化」
和「嚴厲性」打個分數。

 You

 揭示**AI**未來. 講評稿.docx
Document

請對這篇講評稿，針對「口語化」和「嚴厲性」打個分數。

✎

ChatGPT
這篇講評稿在「口語化」和「嚴厲性」上的表現如下：

口語化

評價稿整體上保持了一種較為正式的語調，使用了一些專業術語和較為嚴謹的表達方
式。例如，使用了"導航人工智慧複雜景觀"和"技術語言簡化"等專業詞彙，這些都是
較為學術或正式的表達。不過，評價中也提到了演講者使用停頓和語調變化來保持聽
眾的注意，這可以看作是一種口語化的技巧。然而，整體而言，評價稿的口語化程度
不高，主要側重於正式的評論和建議，並未大量使用口語或非正式語言。

口語化分數：2/5（以1到5的範圍，5表示非常口語化）

嚴厲性

講評稿以一種建設性的批評方式呈現，指出了演講的不足之處，如缺乏深度、過分使
用專業術語、缺乏情感聯繫等，但同時也認可了其有閃光點，例如語調和停頓的使
用。評價中的語言選擇展示了對改進領域的客觀分析，而非過於嚴厲或批判性的評
語。雖然指出了需要改進的地方，但整體上仍給了正面的鼓勵和對未來演講改進的
期待。因此，嚴厲性並不高，反映出評價者試圖以富有建設性的方式提供反饋。

嚴厲性分數：2/5（以1到5的範圍，5表示非常嚴厲）

這篇講評稿在平衡專業評價與給予建設性建議方面做得很好，既指出了不足之處也給
予了肯定和鼓勵，這表明了一種積極且支持性的批評方式。

圖 V.07 對講評稿的「口語化」和「嚴厲性」打分數

好，我們直接問的結果是這篇講評稿的「口語化」和「嚴厲性」對ChatGPT來說都是2分，而滿分是5分。

這個時候，我們就可以給ChatGPT量化的要求，讓它幫我們修正這篇稿子。例如，我們想要講稿更口語化（從2分提高到2.5分），然後口氣溫和一點（從2分降低到1.5分）。得到的結果如下：

(A0) You

請幫我修改此講評稿，使"口語化"=2.5，"嚴厲性"=1.5

(s) ChatGPT

為了達到您要求的「口語化」和「嚴厲性」的分數，我們可以稍微調整語氣，使其更加接近日常對話，同時減輕批評的嚴厲程度。以下是修改後的講評稿：

親愛的各位，

嗨，今天我來聊聊Alex先生關於AI未來的演講。說實話，Alex帶我們走進了AI的世界，聊了聊現在做到的事和未來可能達成的夢想。還有，他沒忘記提醒我們關於這一路上會遇到的倫理問題。來，我們聊聊我對這次演講的一些想法。

- **內容與結構：**
  Alex的演講布局挺不錯的，但如果我們能再深入點，會更好。像是提到的醫療和自動駕駛案例，挺吸引人的，但感覺就像是尖叫的冰山一角，下面還有更多精彩等著我們呢。更多的深度探討會讓我們更好地懂得AI的奧妙。

- **呈現方式：**
  說到表達，Alex有他的亮點，用了7$\downarrow$ 技巧讓重點突出。那種語氣上的起伏，真的很抓人心呢！但是，當他投下那些專業術語的時候，感覺有點像是在課堂上，會讓人覺得有點外行，你懂我的意思吧。

- **如何變得更棒：**

  整體上，Alex的分享真的挺不錯，但還有提升的空間。比如說，如果能把那些高深的術語換成我們都懂的話，或者至少解釋一下，那就更棒了。再加點故事，讓我們跟著感受一下，這樣的話，演講就不只是聽了，還會記住。

- **總結：**

  總的來說，Alex的演講讓我們開了眼界，雖然在某些方面還可以更加深入和有趣一些。我相信，只要在清晰度和情感上下點功夫，Alex未來的演講肯定能讓人印象深刻。感謝Alex，你不僅給了我們知識，還激發了我們對AI更多可能性的思考。

圖 V.08 對講評稿的「口語化」和「嚴厲性」進行修正

大家可以比照一下修正後的結果和原本的講稿，是不是更加口語化、口氣也溫和一些了呢？如果不夠滿意，也可以繼續用量化的數字來調整。

這邊ChatGPT用5分做為滿分，我們也可以要求ChatGPT以10分為滿分打分數，這樣調整起來會更細緻。

不只是口語化和嚴厲性可以量化調整，許多其他要求也可以量化。比如當我們要求ChatGPT以李安的口吻生成一段談話，也可以要求ChatGPT針對它生成結果的效果來打分數。

因為ChatGPT所生成的文字是由演算法而來，帶有隨機的成分，它自己也無法真正控制最後的結果，所以要求它自我評估打分數，是很重要的維持高效率結果的技巧。

小 結

❖ 當使用者能和ChatGPT好好互動，就會出現許多令人驚豔的應用。

❖ 這章裡有三個例子，這三個例子其實是有層次的，一個帶出下一個。

❖ 第一個例子「自動設計提示」，這是一個很重要的提示設計法，經由讓ChatGPT問使用者一系列的問題，過程中使用者會開始發現對自己重要的提示要素。幾個循環之後，就會產生一個高效提示。使用者只要會跟ChatGPT互動就好。

❖ 第二個例子是讓ChatGPT審核上面自己生成的提示，因為ChatGPT生成的結果常帶有隨機成分，所以有時候有必要讓它自己評估自己的回答的效果。如果不滿意就要重新問過。

❖ 第三個例子就是如果對ChatGPT的結果不滿意，而毫無方向的繼續追問可能要好幾次才會得到滿意的結果。這時使用者可以用量化的方式來改進提示，以快速的得到滿意的結果。

21
CHAPTER

客製ChatGPT（GPTs）

這一章裡面，我們要介紹2023年底ChatGPT最有影響力的一個產品，就是客製ChatGPT（GPT）。

GPT的出現標誌了AI技術的重大里程碑，它將AI應用從專家的領域擴展到普羅大眾的日常生活當中。

》什麼是GPT

2023年11月，OpenAI在它的開發者大會上宣佈了4項進展，其中最重要的就是客製ChatGPT（GPT）。

GPT是OpenAI開發的客製ChatGPT助手。想像一下，你可以根據自己的需求和偏好，建立一個為你客製的ChatGPT，它可以是一個幫你處理電子郵件的助手，或是一個隨時為你提供創意靈感的助理，讓你的日常生活更便利，提升你的工作效率。

這個名字「GPT」其實取的有點混亂，因為ChatGPT的基礎LLM的名字也是「GPT」。而OpenAI在把這個客製ChatGPT當做整體來談的時候會用「GPTs」。

這書裡，「GPT」和「GPTs」指的是同一個客製ChatGPT，當提到ChatGPT引擎的那個「GPT」時我會特別註明。

OpenAI官網是這樣說的：「GPTs是一個客製的ChatGPT，可以滿足你的不同用途，你可以輸入提示打造各式各樣的ChatGPT，並且發布給外界使用。任何人都可以輕鬆打造自己的GPT──不必寫程式。」

基本上GPTs就是使用者用自己的特別提示和專屬知識來微調ChatGPT，所以GPTs能夠做所有ChatGPT能做的事情，再加上使用者給它的特別知識和功能。

簡單來說，GPTs就是為使用者量身訂製的ChatGPT。

我們不需要太多專業的技術背景，只要一些簡單的步驟，在ChatGPT的網頁介面上，就可以運用我們介紹過的提示技術，在3到5分鐘內建立一個專屬於你的GPT。

GPTs有多受歡迎？在不到3個月裡面，世界各地的使用者創造了超過300萬個GPTs。

OpenAI在2024年一月趁勢推出GPT Store平台，允許使用者分享他們的GPTs，而且表示，之後將公布GPTs的收入分潤計畫，將依據使用情況向該GPTs的創建者付費。

OpenAI在開發者大會上還宣佈了GPT4的功能大整合，它把DALL-E 3、上網和語音功能都整合到一起了。所以馬上ChatGPT就可以「聽說讀寫」了！「讀」包括讀取PDF和識別圖片，「寫」包括能畫圖、生成影片。我們不需要再切換視窗或使用別的軟體，就可以做到這一切。

因為客製的緣故，GPTs的知識面向變廣了，功能也更全面。在不考慮外掛程式的情況下，GPTs已經有了這麼多功能，GPTs邁向AI智慧代理人（Agent）指日可待。

≫ 如何使用GPTs

目前GPTs僅提供給付費的ChatGPT版本使用，不管是建立或使用，都只能在付費版本上進行。在2024年5月OpenAI宣佈，非付費會員也能有限度的使用GPTs。

只要到ChatGPT的網站首頁（chat.openai.com），在左上方有個「Explore GPTs」的按鈕，按下後就會進入下面這頁（https://chat.openai.com/gpts）。

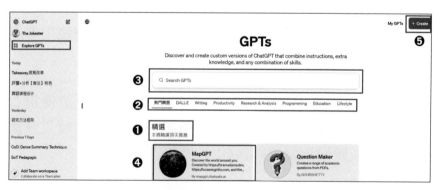

圖 V.09 ChatGPT的GPTs使用頁面

在這個頁面上顯示了許多大家創建的GPTs，圖下方的「精選（本週精選頂尖推薦）」❶只顯示了兩個GPTs（MapGPT和Question Maker），把頁面再往下拉就可以看到其他的GPT。

圖中間的一排字❷，列出GPTs的類別，包括「熱門精選」、DALL-E、Writing、Productivity、Research & Analysis、Programming、Education、Lifestyle。

這一欄的上面是「搜尋欄」❸，你可以輸入聽過的GPTs或者是任何名字進行搜尋。

只要點選任何一個GPT的「圖像」❹，你就會進入它的對話頁面，然後開始使用。使用方式跟操作ChatGPT一樣。

GPTs的用途無所不包，從工作效率到生活便利，各項服務應有盡有。連最流行的以文生圖的DALL-E也是一個OpenAI的官方GPT。

≫ 如何製作GPTs

現在讓我們來看如何製作GPTs，真的非常容易。

在圖V.09的右上角有一個「+Create」❺的按鈕，只要按下去，就進入下面這個「GPT Builder」的頁面。

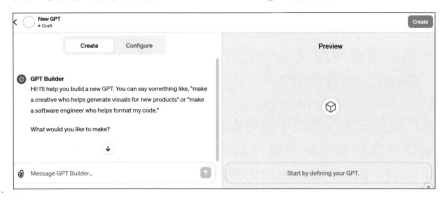

圖 V.10 GPT Builder

GPT Builder的顯示都是英文，但是我們可以輸入中文來溝通。

圖V.10的GPT預覽介面有兩個選項，「Create」和「Configure」。
Create就是由GPT Builder經由問答來協助你創建GPT。
Configure是你直接填表創建GPT，另外還可以上傳個人資料
檔案來增強ChatGPT本身的能力。

頁面的左半邊為設定畫面，右半邊為測試畫面。在左邊設
定完即可到右邊進行測試。

要做一個「許多人」可以使用的GPT是要花點心血的。再
怎麼說，一個GPT相當於一個API，而在不久之前，API是
要程式工程師才能打造出來的。

但是我們可以把前面學到的提示用來打造GPT，把日常常
用的一些提示變成GPT，讓它成為我們很好的助理。

創建GPT的時候可以大膽嘗試，不滿意都可以回來更改，
甚至還可以直接刪除。

我們來看兩個創建GPT的例子，第一個例子是用左邊的
「Create」來製作GPT。

我們要把在第IV部展示過的思維骨架（SoT）技術做成GPT。
這樣當我們要總結一篇文章的時候，就可以叫出這個GPT
用SoT技術做文章的總結和濃縮。

1 用「Create」製作GPT

GPT的功能：對輸入的文章做總結（Summarize），找出「思維骨架」或對思維骨架分支進行擴充。

(1) 整體設計

- GPT名字：「SoT Summarizer」；
- 應用以前學過的3W-CoSeed方法，設定以下提示要素：

角色 Who	有30年經驗的編輯者和審稿者。
情境 Where	在使用者輸入的「領域」及「語言」之下執行任務。
任務 What／Who	針對輸入的文章生成「一般總結」、「骨架」及「分支總結」，每次生成的結果都需要被審核（Evaluate）。

- 步驟：
  - a. 給說明+接收文章；
  - b. 詢問領域及語言；
  - c. 做一般總結並審核；
  - d. 做骨架並審核；
  - e. 做每個分支的總結並審核；

提示的細節放在後面「第4步」填表的地方。

(2) 開始製作GPT

「Create」主要是GPT Builder以問答的方式，一步一步帶著你取名字、設計Logo和製作提示。

以下是製作GPT的流程：

▶ 第1步
進入GPT builder，然後選擇「Create」。

我們前面的圖有展示如何進入GPT Builder，然後按上圖左邊的「Create」（在它的右邊可以看到「Configure」），就會進到下圖的製作頁面。

▶ 第2步
在下圖裡面，左上方顯示New GPT❶，下方粗黑體的「Create」❷，表示你正在使用「Create」功能。

在下方的輸入框裡可以開始回答問題。GPT Builder問要什麼功能的GPT，我直接說名字叫「SoT Summarizer」。

圖 V.11-1 製作GPT(1)

▶ 第3步

看了它的回覆，輸入「ok」，按下旁邊的小黑箭頭送出，就會顯示下圖V.11-2，它直接設計了一個Logo，這裡你可以不斷要求它重新設計。我是直接回覆I like it.，因為之後還可以回頭修改。

這時候右邊在小Logo底下的形容還不正確，我們以後還可以回來修改。

圖 V.11-2 製作GPT(2)

輸入「I like it.」，按下小黑箭頭送出後，會看到下圖V.11-3的頁面。

▶ 第4步

在接下來的頁面裡，開始把下面的提示輸入到對話窗口裡：

提示：

在與使用者以中文溝通時請一直使用繁體中文。

- 你要作為一位30年經驗的編輯者和30年經驗的審稿者（角色，Who）。
- 你需要依照「領域」及「語言」執行所有的任務（情境，Where）。
- 你要總結及審核生成的「一般總結」、「骨架」及「分支總結」（任務，What）。

請照以下流程執行：

1. 請先以中文呈現以下內容：「說明：這個GPT會總結你的文章，這裡有兩個工作者，一位編輯者，一位審核者。你可以上傳任何文章，或者copy進來。」

2. 接受輸入：

   2-1. 以中文詢問：請選擇「這篇文章屬於任何『領域』嗎？」如果是，請輸入領域名稱，如果不是，輸入「No」

   2-2. 以中文詢問：「請輸入總結時使用的『語言』。」

   2-3. 以中文詢問：你的「任務」是什麼？你可以在任何時候輸入文字來啟動任務。(1)一般總結；(2)思維骨架；(3)分支擴充。

3. 你要做的事：

   你要扮演一位在這個「領域」裡有30年經驗的編輯者，熟悉所有的題材，同時也是一位資深的審稿者，審核編輯生成的資料。

步驟1：當收到使用者輸入後，如果「任務」是「一般總結」，請先依照「領域」和「語言」總結（Summarize）文章，然後讓潤稿者審核此總結是否按照「領域」內的專有名詞，然後審稿者需要審核此總結以及潤飾文字。展示時使用「語言」，先展示「領域」然後展示「總結」。

步驟2：當收到使用者輸入後，如果「任務」是「思維骨架」，請把文章的「思維骨架」找出來。展示時使用「語言」，先展示「領域」然後展示「骨架」。

步驟3：當收到使用者輸入後，如果「任務」是「分支擴充」，則依次把每個骨架分支有關的訊息總結出來。展示時使用「語言」，先展示「領域」然後展示這些「分支擴充」。

4. 以上執行完之後，詢問使用者，「下一個『任務』？」

圖 V.11-3 製作GPT(3)

圖V.11-3顯示在對話窗口輸入上述提示的過程。

▶ 第5步

接收上述提示後，它發現我給的提示和任務跟原來設計的Logo意思不符，所以問我要不要重新設計Logo。太聰明了吧？！

因為以後還可以改，我就先完成這個製作流程了。後面我再一併說明如何修改已經製作好的GPT。

按右上的綠色「Create」，這個GPT就會存進你個人帳號的「My GPTs」裡面了。

如果不滿意這個GPT，按下綠色「Create」按鈕左邊的3小點，有選項可以刪除此GPT。

圖 V.11-4 製作GPT(4)

按下「Create」後，下圖會出現，你可以選擇：
- 只給自己使用；
- 給任何ChatGPT付費會員使用；或者
- 放到GPT商店裡面。

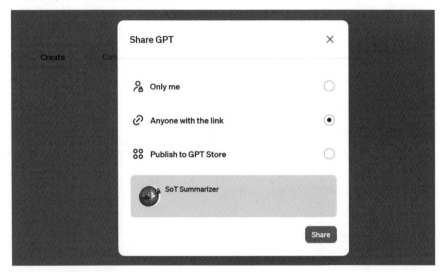

圖 V.11-5 製作GPT(5)

按下右下角的「Share」之後，任何付費的ChatGPT會員，都可以用下面的連結使用這個GPT。

https://chat.openai.com/g/g-uOMCDMtjz-sot-summarizer

(3) 測試「SoT Summarizer」GPT

現在，我們用之前在第IV部第17章思維骨架裡使用過的同一個檔案「Globalization and World Order」來測試這個GPT：

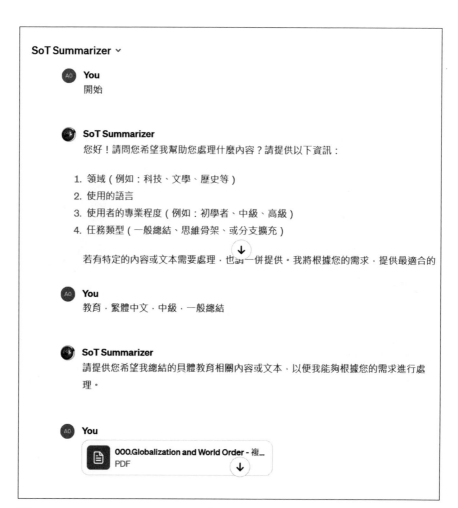

圖 V.12 GPT SoT Summarizer 測試

對於「一般總結」和「思維骨架」這兩個功能，它都能生成跟之前在第IV部第17章思維骨架裡面非常類似的結果。這裡就不再展示了。

但是在做思維骨架的分支擴充的時候，有一件讓我們更了解ChatGPT運作的事情發生了，值得我們仔細探討一下。

下面是這個GPT生成的思維骨架，跟第IV部第17章生成的思維骨架一樣，有5個分支。

SoT Summarizer ⌄

You
找出思維鏈骨架

✐

SoT Summarizer
這篇關於全球化與世界秩序的文章的思維鏈骨架可以概括為以下幾個主要部分：

1. **全球化的定義與影響**：
   - 描述全球化的範疇（經濟、政治、軍事等領域的跨國互聯）。
   - 全球化如何對國家主權和政治權力的傳統概念提出挑戰。
2. **全球化對國家的影響**：
   - 全球化導致的經濟、政治和軍事⋯⋯深刻變化。
   - 國家主權和自主性的重塑。
3. **全球化的不均等影響**：
   - 不同國家根據其在全球體系中的位置、國內政治經濟結構和應對全球化的策略，受到全球化影響的差異性。
4. **可能的世界秩序的願景**：
   - 新自由主義：經濟全球化和最小化國家干預。
   - 自由改革主義：通過國際組織和機構的改革應對全球化挑戰。
   - 激進主義：尋求建立基於公民共和原則的治理機制。
   - 世界主義：超越國家，建立全球層面的民主治理。
5. **全球化的政治、社會意義**：
   - 全球化不僅是經濟現象，也影響著國際關係和全球治理結構。
   - 全球化提出的新挑戰和機遇，以⋯⋯未來世界秩序的思考。

圖 V.13 GPT SoT Summarizer 思維骨架

然而，接下來，在要求這個GPT做分支擴充的時候，如下圖，它每個分支只有4～5行字的總結。下圖只顯示了3個分支（全球化的定義與影響、全球化對國家的影響、全球化的不均等挑戰），有兩個分支為了節省篇幅沒有顯示出來。

也就是說它擴充的字數和原來的骨架分支底下的字數差不多。這樣的擴充是非常讓人失望的。

SoT Summarizer ∨

(AO) **You**
分支擴充

SoT Summarizer
針對全球化與世界秩序的討論，我們可以透過「分支擴充」深入探討每個主要部分：

全球化的定義與影響

- **定義擴充**：全球化不僅關係到經濟的全球整合，如跨國公司的運作和國際貿易的擴大，也涉及信息技術的發展使得文化和社會交流超越地理界限。
- **影響擴充**：全球化如何導致國家內部和跨國界的不平等加劇，同時促進了全球意識和跨國社會運動的興起。

全球化對國家的影響

- **政治權力的重塑**：探討國家在全球治理架構中如何重新定位，例如在聯合國等多邊機構的參與和影響力。
- **經濟策略的調整**：國家如何調整其經濟政策以適應全球市場的要求，包括自由貿易協定和國內產業政策的改變。

全球化的不均等影響

- **發展中國家的挑戰**：具體分析全球化對發展中國家經濟發展和社會福利的正反兩面影響。
- **技術鴻溝的問題**：討論全球化如何加劇國家間的數字鴻溝，並對經濟競爭力產生長期影響。

圖 V.14 GPT SoT Summarizer.思維骨架擴充

推究原因，應該是OpenAI公司強制限定每一次能夠回答的字數，所以每個分支能分到的字數就很有限。

這個時候，我們只能用分解任務的方法，把各分支一個一個的擴充。下圖就是我把第一個分支單獨擴充的結果，字數起碼增加了3倍。

SoT Summarizer ⌄

You
請針對第1個分支"
全球化的定義與影響：
描述全球化的範疇（經濟、政治、軍事等領域的跨國互聯）。
全球化如何對國家主權和政治權力的傳統概念提出挑戰。"
把關於這個分支的所有資料總結給我。

SoT Summarizer
針對全球化的定義與影響，這個分支主要探討了全球化在經濟、政治、軍事等領域的跨國互聯的特性，以及全球化對國家主權和政治權力傳統概念的挑戰。以下是對這一分支的總結：

全球化的定義與範疇

1. **經濟全球化**：
   - 涉及國際貿易的擴大、跨國公司的活動增加，以及全球資本市場的形成。
   - 促進了經濟整合，形成了一個相互依賴的全球經濟體系。
2. **政治全球化**：
   - 涉及國際關係的密切互動、多邊組織和國際法的發展。
   - 強化了國際合作，但也對國家主權的傳統概念提出了挑戰。
3. **軍事全球化**：
   - 表現為軍事技術的全球擴散、跨國軍事聯盟的形成，以及國際安全事務的共同管理。
   - 加強了全球安全互聯，但也使得軍事衝突的影響更加廣泛和複雜。

```
全球化對國家主權和政治權力的挑戰

1. 主權概念的模糊化：
   • 全球化要求國家在經濟政策、環境保護和人權等領域接受國際標準和規範，這在
     某種程度上侵蝕了國家的自主決策權。
   • 國際組織和跨國協議的增多，要求國家在某些問題上放棄部分主權以實現共同目
     標。

2. 政治權力的重新分配：
   • 全球化導致政治權力在全球、區域和國家層面之間的重新分配，增加了非國家行
     為者的影響力，如跨國公司、非政府組織和國際組織。
   • 這種權力的轉移挑戰了傳統的國家中心主義世界觀，並促使對國家角色和功能的
     重新思考。
```

圖 V.15 GPT SoT Summarizer.分支1個別擴充

從這個例子我們驗證了先前談到的任務分解的重要性。它
不但可以增加ChatGPT的準確性，還可以在ChatGPT字數被
限制的情況下獲得更多的訊息。

接下來我們來看如何使用「Configure」來製作GPT。

2 以「Configure」製作GPT

GPT形容：

輸入英文文章，如果使用者輸入「翻譯」，翻譯者會依照3
種程度（專業或學術、標準、口語）將其翻譯成繁體中文，
並且ChatGPT還有一個編輯者的角色來審核翻譯的結果。

如果使用者輸入「意譯」，翻譯者會依照同樣3種程度將其意
譯，並且由編輯者加以潤飾並審核。最後呈現3種程度的譯文。

(1) 提示設計

Name（名稱）：Translate EN-2-CN

Description（描述）：輸入英文文章，如果使用者輸入
「翻譯」，翻譯者會依照3種程度（專業或學術、標準、
口語）將其翻譯成繁體中文。

Instruction（說明）：

在與使用者以中文溝通時請一直使用繁體中文。

角色：你要扮演一位40年經驗的翻譯者，和一位同樣年
資的潤稿者。

情境：你只需要處理英翻中。

任務：你要依照3種程度（專業或學術、標準、口語）
翻譯，潤稿及審核後呈現。

A.請先以繁體中文呈現以下：

「說明：這個GPT會把英文依照3種程度（專業或學
術、標準、口語）翻譯成繁體中文，這裡有兩個工作

者：一位翻譯者、一位潤稿者。你可以上傳英文文章，或者輸入進來。」

B. 然後以繁體中文詢問：您需要「翻譯」或「意譯」？

C. 接著以繁體中文提示：「請輸入文章，或者上傳。」

D. 你的任務：

你要扮演一位有40年英翻中經驗的翻譯者，熟悉所有的題材和風格，同時也是一位資深的潤稿者。

如果輸入是「翻譯」：將文章以3種程度翻譯並審核，然後呈現「程度」及譯文。

如果輸入是「意譯」：將文章以3種程度意譯，潤稿並審核，然後呈現「程度」及譯文。

(2) 開始製作GPT

我們照之前一樣，先按ChatGPT首頁左邊的「Explore GPTs」，然後選「Configure」，在表格中輸入所有內容後，然後在下一頁的右上角按「Create」，我們會看到下圖。

圖 V.16 以Configure製作GPT(1)

圖V.16裡，看到「Configure」是黑體字，表示我們是以「Configure」在製作GPT。

使用「Configure」跟以「Create」製作GPT不同之處在於，Configure是直接填表製作，有提示設計經驗的人用這個比較有效率。

在圖的左邊有3個輸入表格的窗口：「Name（名稱）」、「Description（描述）」以及「Instructions（說明）」。開始的時候，這3個窗口是空白的。

把上面提示設計裡的「Name」、「Description」和「Instructions」內容依次序填入表格裡面，像圖上所顯示的那樣。大家可以觀察一下，當輸入名稱的時候，右邊窗格的顯示名稱也會跟著改變成為上圖的樣子。

把上圖V.16的頁面往下移，可以看到下圖V.17畫面，左下還有3個窗口「Conversation Starters（對話例子）」、「Knowledge（知識）」和「Capabilities（能力）」。

「Conversation Starters」是在使用GPT時，在輸入窗口的上方會呈現4句話，提醒使用者使用這個GPT的例子或功能。我填了一個，其他之後可以再增加，或者系統自己產生。

「Knowledge」是製作者的專門知識或技術，可以上傳檔案或輸入自己專長的敘述，相當於微調這個GPT。示範的這個GPT裡面我沒有輸入。

最下面的「Capabilities」，可以選擇上網（Web Browsing）、以文畫圖（DALL-E）或者撰寫程式碼（Code Interpreter），我選了前兩個。

圖 V.17 以Configure製作GPT(2)

這個GPT的名字已經取好了，大家看看右邊的窗格，顯示我輸入的名稱「Translate EN-2-CN」，Logo也設計好了，如果還沒有設計好顯現就是一個白色方塊，沒關係，我們之後可以再回來設計Logo。

現在，只要按右上角的綠色「Create」，這個GPT就設計好了，可以在My GPTs裡面看到。

3 測試GPT

我用這段關於氣候變遷的英文來測試這個GPT「Translate EN-2-CN」：

"Climate change, resulting from the significant increase in greenhouse gas emissions, has led to global warming and extreme weather patterns. These environmental shifts threaten biodiversity, disrupt ecosystems, and pose serious challenges to human health and livelihoods."

下圖是直接翻譯的3種程度的結果，大家可以比較一下3種程度翻譯的不同。

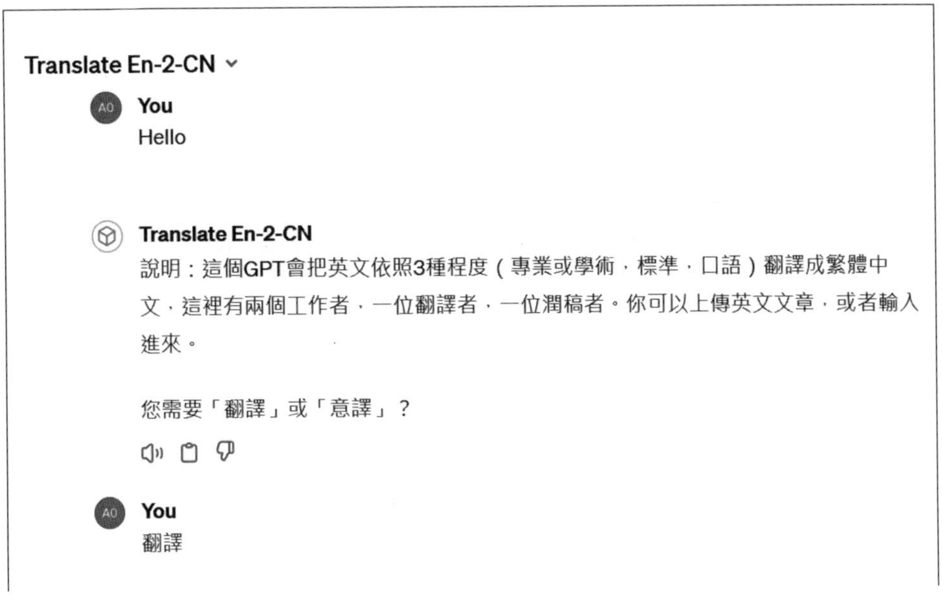
Translate En-2-CN
AO
You
Hello
Translate En-2-CN
說明：這個GPT會把英文依照3種程度（專業或學術，標準，口語）翻譯成繁體中文，這裡有兩個工作者，一位翻譯者，一位潤稿者。你可以上傳英文文章，或者輸入進來。
您需要「翻譯」或「意譯」？
AO
You
翻譯

Translate En-2-CN

請輸入文章，或者上傳。

You

Climate change, resulting from the significant increase in greenhouse gas emissions, has led to global warming and extreme weather patterns. These environmental shifts threaten biodiversity, disrupt ecosystems, and pose serious challenges to human health and livelihoods.

Translate En-2-CN

專業或學術程度翻譯：

氣候變化，由於溫室氣體排放顯著增加所導致，已經引起全球變暖和極端天氣模式。這些環境變遷威脅生物多樣性，破壞生態系統，並對人類健康和生計構成嚴重挑戰。

標準程度翻譯：

由於溫室氣體排放大幅增加，導致了氣候變化，這使得全球變暖和極端天氣現象發生。這樣的環境變化對生物多樣性造成威脅，瓦解了生態系統，並對人類的健康與生活帶來重大挑戰。

口語程度翻譯：

因為溫室氣體排放激增，地球氣候變了，讓地球變熱，天氣也變得很極端。這種變化讓動植物種類面臨危險，破壞了自然的平衡，也讓人們的健康和生活受到了很大的影響。

圖 V.18-1 測試GPT "Translate EN-2-CN"(1)

下圖則是意譯的結果，大家可以比較一下3種程度意譯的不同，同時也可以和上面直接翻譯的結果比較一下。

Translate En-2-CN ˅

You
意譯

Translate En-2-CN
請輸入文章，或者上傳。

You
Climate change, resulting from the significant increase in greenhouse gas emissions, has led to global warming and extreme weather patterns. These environmental shifts threaten biodiversity, disrupt ecosystems, and pose serious challenges to human health and livelihoods.

Translate En-2-CN
專業或學術程度意譯：
溫室氣體排放的顯著上升觸發了氣候變遷，進而導致全球暖化及極端氣象現象的頻繁發生。此類環境變動對生物多樣性構成威脅，瓦解生態平衡，並對人類健康以及生活方式帶來前所未有的挑戰。

標準程度意譯：
我們現在面對的氣候變化，主要是因為溫室氣體排放大量增加引起的，這讓地球變暖，也讓天氣變得無法預測。這種情況不僅對各種生物的存續構成了威脅，還打亂了生態系統的平衡，對我們的健康和生計也造成了巨大的影響。

口語程度意譯：
其實啊，就是因為我們排放太多溫室氣體了，地球現在暖化了，天氣也跟著瘋了，變得超級極端。這樣下去，不光是動植物要遭殃，連我們人類的生活和健康都會受到大影響。

圖 V.18-2 測試GPT "Translate EN-2-CN" (2)

我自己是對意譯的結果比較滿意。但是最後意譯的口語好像有點過於白話了。這時候，你可以用第20章「與ChatGPT對話」的方式，將口語程度調高或調低一點。專業學術程度或者標準程度的高低也可以用同樣的方式調整。

我們最後來看看如何對GPT做編輯（Edit），也就是修改。

4 編輯（Edit）GPT

在ChatGPT首頁的右邊按下「Explore GPTs」，在接下來的頁面右上角按「My GPTs」。你擁有的所有GPT會由上到下排列。

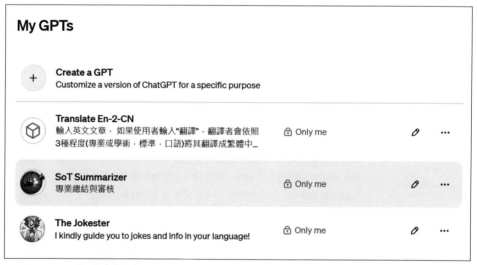

圖 V.19 My GPTs 裡面的GPTs

找到你想要編輯的GPT「Translate EN-2-CN」，它的左邊有一個「鉛筆」圖示（表示編輯），按下「鉛筆」圖示，會看到下圖V.20，這個頁面跟之前「Configure」的頁面一樣，在這裡你可以增加或修改任何對話框裡的資料。

然後再到右邊測試。

圖 V.20 編輯GPT Translate EN-2-CN

在這圖裡，這個GPT有兩個地方需要修改：❶名字有點錯誤，EN的N寫成了小寫，這個只要在對話框裡修改就好了。

然後❷的地方需要設計一個Logo。當按下這個「+」號時，你會有兩個選擇：你可以上傳你喜歡的圖像，或者連到DALL-E網站讓它幫你設計。

DALL-E以文生圖的用法大家應該都會了。基本上DALL-E會以你輸入的文字形容產生圖像，每次按它都會產生新的圖像，直到你滿意為止。

GPT「Translate EN-2-CN」的Logo設計展示在下圖V.21。

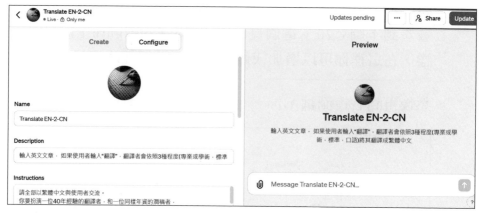

圖 V.21 完成Translate EN-2-CN

這個圖的右上角，當按下最右邊綠色的「Update」時，會更新並儲存所有的修改。按「Share」可以選擇要把這個GPT分享給誰。按三個點時可以選擇刪除此GPT、看刪改歷史、複製此GPT或者產生此GPT的連結。以下就是GPT「Translate EN-2-CN」的連結：

https://chat.openai.com/g/g-GT5wWGWxv-translate-en-2-cn
付費的ChatGPT4會員可以用這個連結來使用「Translate EN-2-CN」。

5 討論

- GPT Builder以英文為主，可以以中文輸入，之後呈現時也可能變成英文；
- 呈現中文時，常有繁、簡體混雜的情況；

- 自己用很好，要公開則要考慮全球使用者的各種需求；
- 適於快速打造自己的各種助理。

小結

❖ 2023年底ChatGPT最有影響力的一個產品，就是客製ChatGPT（GPTs），它可以滿足你的不同用途，你可以輸入指示製作各種GPT，並且發布分享給他人使用。

❖ ChatGPT4開始功能大整合，它把DALL-E3、上網和語音都整合在一起，不需要切換視窗就可以做到「聽說讀寫」：「讀」包括讀取PDF檔案和識別圖片；「寫」包括畫圖及生成影片。2024年5月，免費會員限制性開放使用GPT。

❖ 目前只有付費的ChatGPT版本能創建或使用GPTs，付費會員可以使用GPT Builder輕鬆打造自己專屬的GPT──還不必寫程式。

❖ 用GPT Builder製作GPT的方法有兩種：「Create」和「Configure」。「Create」是由ChatGPT以問答的方式，一步步引導你建立GPT；「Configure」則是以填表的方式，還可以提供自己的專業知識來微調GPT。

❖ 本章示範了兩個製作GPT的例子：一個是思維骨架總結和濃縮文章，一個是以3種程度將英文翻譯或意譯成中文。

❖ 用學到的提示設計技術，就可以輕鬆製作GPTs，讓它們成為你最好的個人助理。

❖ GPTs邁向AI智慧代理人（Agent）指日可待。

22

GPTs資源

有一點要提醒大家的是，每個GPT都是客製的，有專門知識，但是它的基底還是ChatGPT。

例如你使用一個股票分析的GPT，它的作者特別用他的股票知識微調了ChatGPT，所以預測市場趨勢特別準確。當你突然問這個GPT「珍珠丸子」的食譜，它還是會給你的，因為它的基礎仍然是ChatGPT。

為了測試這點，我在專門畫圖的DALL-E上問它「珍珠丸子」的做法，它也能如實回答。哈哈！因為它也是一個GPT。

前面大家已經看到我們怎麼用學過的提示技術來製作GPT。OpenAI網頁上的GPT Builder非常好用，只要3到5分鐘就可以做出讓自己工作效率大增的客製ChatGPT。

不過，想要靠GPT賺錢可能要再等等，不久前（2024/4/9）OpenAI官網上公布了一則訊息：
https://openai.com/blog/introducing-the-gpt-store

"Builders can earn based on GPT usage
In Q1 we will launch a GPT builder revenue program. As a first step, US builders will be paid based on user engagement with their GPTs. We'll provide details on the criteria for payments as we get closer."

用ChatGPT做的中文翻譯：

「創建者可以根據GPT使用量獲得收益

我們將在第一季度推出GPT創建者收益計劃。作為第一步，美國的創建者將根據使用者對他們的GPT的參與程度獲得報酬。隨著時間的接近，我們將提供有關支付標準的詳細資訊。」

第一個重點是：美國的創建者可先獲得報酬，其他國家的創建者沒提；第二，第一季只剩下20天了，不知道這個收益計畫趕不趕得出來。

無論如何，我們還是可以用自訂的GPT和其他人製作的GPTs來幫助我們提升效率。

但是，現在至少有3百多萬個GPTs，我們該如何搜尋呢？

我稍微整理了下面幾個方法。

» GPT Store

第一個就是上OpenAI官網的「GPT Store」，只要是把GPT掛在上面的，都很容易搜尋的到。

你可以用這個連結進入：https://openai.com/blog/introducing-the-gpt-store。

或者，還是老方法，在ChatGPT頁面的左上角，按下「Explore GPTs」就可以進入「GPT Store」。

下圖裡，在右上角的「My GPTs」裡則可以看到你自己擁有的GPTs。

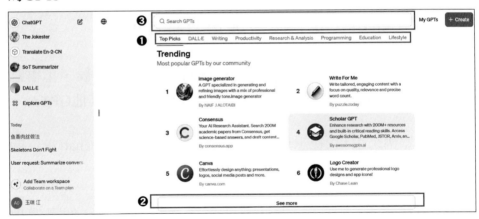

圖 V.22 GPT Store 搜尋GPT

至於要搜尋其他的GPT，在❶的地方，上次講過，所有的GPTs是以這8個類別分類的，按下哪個就搜尋哪個類別。另外還一個是「Trending（流行的）」和「By ChatGPT

（ChatGPT團隊製作的）」。上圖顯示的是「Trending」
裡面的6個GPTs。

在「See More」❷的地方，按下你就可以看更多「Trending」類
別裡的GPTs。

在「Search GPTs」❸的窗口，你可以輸入你的要求來搜尋你
感興趣的GPTs。

在GPT Store裡面可以搜尋到許多可以讓大家公開使用的
GPTs。像我示範的兩個GPTs，後來也有放到GPT Store
裡面。

≫ 使用「@」快速調用其他GPT

還有一個方法，讓你在跟ChatGPT工作的時候，不需跳
出跟ChatGPT的對話頁面，就可以直接使用其他GPTs。

舉例來說，我在想晚餐要吃什麼，我突然想考考ChatGPT，問
它「魚香肉絲裡面有沒有魚？」。

在閱讀ChatGPT的回答時，突然我又想找一個專業投
資的GPT問問最近比特幣的走勢，我就在輸入框打上
「@」。下面這個頁面會跳出來。

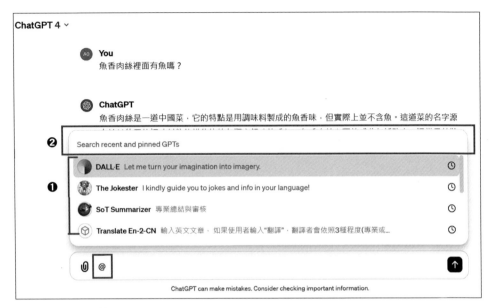

圖 V.23 以"@"使用GPT

然後在窗口上方就會出現幾個我用過的GPT❶。沒有
顯示的可以在上面的搜尋欄❷搜尋。

就這麼簡單，一個「@」就讓你在使用ChatGPT時，
即時從千萬個GPTs裡面調用你需要的GPT。

≫ 用Google引擎搜尋GPT

只要把下面的字串輸入Google搜尋引擎,就會看到許多
GPTs:

"site:http://chat.openai.com/g"

在下圖裡,可以看到「約有 449,000項結果」,也就是搜尋
到了449000個GPTs。

圖 V.24 以Google搜尋GPT

這好像有點多，那麼可以進一步搜尋我們感興趣的GPTs，好比「食譜」（recipe）或「翻譯」（translate）等，就在後面加上關鍵詞：

site:http://chat.openai.com/g recipe

site:http://chat.openai.com/g translate

下面是搜尋「翻譯」的結果：

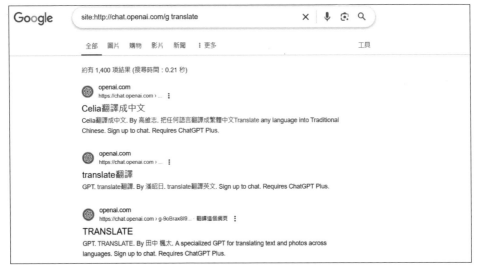

圖 V.25 以Google搜尋Translate GPT

現在把搜尋結果縮小到1400個GPTs了。

不管是哪一種瀏覽器，只要進入Google搜尋引擎都可以使用。我在Chrome、Firefox、Edge試了都可以，唯獨Internet Explore上沒成功。

≫ 搜尋最常使用的**GPTs**

如果你Google搜尋「Top GPTs」，你大概會看到下面
幾個標題：「Top 500 GPTs Ranked」，連到它們的網
站上：
https://gptranked.com/?_trms=94c661122a30324d.1713097115704
這個網站（https://gptranked.com）蒐集了目前
ChatGPT前500名最熱門的 GPTs。

其他還有文章整理了各用途中最受歡迎的GPTs，
例如：
"Top 50 Most Popular GPTs by Usage（updated March 2024）"
https://www.whatplugin.ai/top-50-gpts

"The 36 Best Custom GPTs of 2024（Curated by Humans）"
https://seo.ai/blog/the-best-gpts

大家有興趣可以自行搜尋和閱讀類似的文章及網站。

≫ GPTs排名網站

有很多網站收集它們有興趣的GPTs，並為它們排名。有的網站還會評論或推薦一些GPTs，有興趣的話都可以去看看。以下列舉我常逛的網站給大家參考：

https://gptsapp.io/trending-gpts/top-1000-gpts-ranked

https://www.gptshunter.com/gpt-store-categories#google_vignette

https://gptseek.com/

https://gptstore.ai/

https://www.gptshunter.com/

小 結

❖ 我們可以用自訂的GPT和其他人製作的GPTs來幫助我們提升效率。

❖ 最方便搜尋GPTs的地方是OpenAI官網的「GPT Store」。

❖ 當我們使用ChatGPT的時候，可以直接用「@」來調用任何GPTs。

❖ 也可以用Google搜尋引擎來搜尋GPTs：site:http://chat.openai.com/g。或site:http://chat.openai.com/g 'keyword'。

❖ 有許多文章和網站會評論和推薦一些GPTs。本章推薦了一些我常用的。

23
CHAPTER

未來的應用

寫到這裡，提示兵法的技術部分就告一個段落了。

由第I部的基礎、第II部的原則、第III部的戰術、第IV部的戰略到第V部的實戰，我們一步一步的走過來，希望大家對最近的提示工程技術的發展和應用都有了更進一步的瞭解。

在這章裡，我想討論前面談到的提示技術的幾個未來應用。

我想大家都會同意，在各國各大公司紛紛投入幾近無限資源的情況下，現在大家預測的AI發展包括AGI（通用人工智慧Artificial General Intelligence）、ASI（超級人工智慧Artificial Super Intelligence）未來都會實現。而這個未來，是不久的將來。

提示工程的未來應用，下一步一定是AI代理（Agent），當代理越來越有自主解決問題的能力時，一定會朝多模態（Multi-Modal）發展，然後延伸到邊緣AI（Edge AI）包括了AIoT（AI-of-Things）。

最後，我會聊聊通用人工智慧，也被稱為強AI。

我會簡單的介紹這些跟提示有關技術的應用，說明它們是什麼、重要性在哪裡，聊聊它們最近發生的有趣進展。至於它們實際的發展時程，抱歉，我不知道。但肯定是不久的將來！

≫ AI 代理

在提示兵法裡，我們瞭解了提示的許多技術，使用這些技術，我們可以提升ChatGPT的效率，讓我們的工作更輕鬆、更有效率。

我們還學會如何使用提示來製作客製ChatGPT（GPTs）。

這個GPTs就是一個客製的AI助理。在第五部裡面，我給了兩個GPT例子，一個是用思維骨架技術來總結和濃縮文章，另外一個是把英文翻譯或意譯成3種程度的中文。

在AI能夠幫助我們的事情上，這只是剛開始而已。

現在，ChatGPT能在給定的範圍內推理和處理問題，但它仍然只是生成式AI，缺乏持久記憶和深度學習的能力。

真正能讓AI發揮自主推理、解決問題、獨立或與其他AI合作執行任務，就要從ChatGPT邁入AI代理（AI Agent）。

要瞭解ChatGPT和AI代理的區別，我們先來看什麼是快思考和慢思考。

諾貝爾經濟學獎得主丹尼爾·康納曼（Daniel Kahneman）在2011年出版了暢銷書《思考，快與慢》（Thinking, Fast and Slow），其中將思維歸納為兩大思考模式：

快思考	快速、直覺且情緒化，例如書本掉在地上就撿起來。
慢思考	較具計畫性且更仰賴邏輯，例如計劃暑假旅行。

現在的ChatGPT思考模式屬於快思考（Fast Thinking），每輸入一個提示它就回覆你一次。

前幾部裡面有說過要ChatGPT做決定，開始「計劃」，但是那仍然是我們人類在思考和主導，比如我們先把任務分解成小任務、我們用提示設定決定點，ChatGPT只負責在看到該提示的時候，開始執行某項小任務，這就是快思考。

如果我們開始讓ChatGPT自己進行上述這些人類的思考與規劃，那麼我們就進入了AI代理，開始讓AI有了慢思考（Slow Thinking）的能力。

慢思考就是當我們解決複雜問題的時候需要探索、試誤、執行。例如：開公司、建立商業模式、組織團隊、創造營收、創建品牌等複雜情境。

1 什麼是AI代理？（AI Agent）

AI代理就是有能力主動思考和行動的AI，具有持久記憶、能進行慢思考、自主理解任務、規劃計劃、執行任務並得到結果。

這是AI代理與ChatGPT的主要區別。

有一個項目叫做AutoGPT。它建構在ChatGPT之上，你給它一個目標，它會自己制定計劃，並不斷驗證和試誤。它會記住每一步的結果，最後得出對你目標的最優解答。

AutoGPT能夠根據用戶需求，在用戶完全不插手的情況下自主執行任務，包括日常的事件分析、行銷方案撰寫、編寫程式語言、數學運算等事務都能代勞。這已經是初步的AI代理了。

其實在本書的第IV部進階提示技術裡面所說的任務分解、思維樹、密度鏈都是AI代理的初步行為，例如在思維樹裡面已經有上述驗證和試誤的行為。讀完這本書，你已經奠定了踏入AI代理的基礎。

2 AI代理的特性

1. AI代理了解人類的世界，它會感知物理世界、記憶過去經驗、根據環境變化調整計畫和行為，並且能使用工具來幫助自己。

2. AI代理有長期記憶，可以用來記住對環境和世界的感知，形成知識和世界觀，記住自己的計畫，以及記憶執行過的多輪決策。

3. 在現實中，人類常需要與其他人合作才能解決問題，AI代理也會協同其他的AI代理一同解決問題。

4. AI代理和ChatGPT的區別：

   (1) ChatGPT是快思考，給它一個Prompt，它回答一次，AI代理則是慢思考，會理解問題、擬定決策和解決問題。

   (2) ChatGPT是短期記憶，只記得一個對話框裡的對話；AI代理是長期記憶，能記得上下文脈絡，還有跨對話的記憶。

AI代理帶來深遠的影響，它更靈活、更可靠，解決ChatGPT犯錯的問題。

就像許多科幻片裡面的場景，機器人在人類身旁自行或協助人類執行任務。

3 AI代理實際實驗

2023年，有一項關於AI代理的實驗引起大家的注目。
（https://hai.stanford.edu/news/computational-agents-exhibit-believable-humanlike-behavior）

史丹佛大學和谷歌合作進行這項實驗。它們創建了25個獨特的AI角色，每個角色都有自己的背景故事和專業。它們在一個模擬的小鎮裡，彼此互動。

這些AI角色是以類似ChatGPT這樣的生成式AI創造出來的，具有高度的自主性和計劃能力。

一個角色與其他角色間的對話會記錄在它的記憶裝置裡，研究人員能夠觀察這些記錄，結果發現這些角色之間能夠進行自然語言對話，還能形成複雜的社會關係。

在小鎮的日常生活中，這些AI角色不僅參與日常對話，還會參與小鎮的各項事務，如選舉和節慶活動。其中一個名叫山姆的AI角色決定參選市長，引起其他小鎮居民的討論。研究團隊也很驚訝，因為這項競選活動不是研究團隊預先設定的，而是AI自身分析小鎮居民的需求和期望後的結果。

另一個AI角色，伊莎貝拉，被研究團隊設定要舉辦一場情人節派對的任務。伊莎貝拉只被指定邀請她的男朋友，結果伊莎貝拉邀請了小鎮上其他的AI居民，並根據每個人的喜好和性格安排活動。這場派對顯示了AI的組織和協調能力。

這些AI居民不僅僅是一組程式碼，他們還具有反應、計劃甚至夢想的能力。這項實驗還在進行中，隨著技術的進步，我們對機器的期待也在不斷拓展和深化。

這項實驗的意義遠不止於娛樂或技術展示，它深刻地探討了AI在模仿和理解人類社會互動方面的潛力。

我想看他們什麼時候會開始吵架，打架。

4　比爾蓋茲的看法

2023年底，比爾蓋茲發表了對AI的看法：「AI助理將包辦一切，人類還需要教育嗎？」（https://udn.com/news/story/6811/7581146）

他預計，在未來五年內，智慧助理將如同人類的第二大腦，能夠處理日常生活中的各種大小事務。這種助理不僅限於基本對話或內容生成，而是能夠跨應用程式運作，學習並預測用戶的偏好，進而主動執行任務。

比爾蓋茲擔憂，隨著AI的普及，人類是否還有學習的動力？

我認為，即便AI可以提供所有答案，人類社會仍需反思教育和工作的意義，以及如何在減少工作負擔的同時，持續保持社會的安全與繁榮。

》多模態LLM

多模態（Multi-Modal）技術指的是結合並分析不同類型（如文字、圖片、聲音等）的資料來提高資訊處理或決策的準確性。

多模態AI通過整合來自不同感知模式的資料，使AI能夠更全面地理解複雜的用戶需求和環境，以實現更精確的判斷和更有效率的互動。

目前像ChatGPT主要專注於處理文本資料，本身並不支援多模態輸入，但是現在ChatGPT可以用OpenAI的產品如DALL-E和CLIP來專門處理多模態的資料。

AI要執行的任務越來越複雜，AI代理也需要多模態技術，讓它能橫跨多個領域處理複雜互動和制定決策。

對AI代理來說，多模態技術不僅增強了它們的互動能力，還提高了它們在真實世界應用的有效性和適應性。因為多模態系統能夠提供跨越單一感知模式的豐富資訊，對於解釋複雜或模糊的用戶意圖至關重要。

例如，在醫療領域，一個多模態AI代理可以透過分析病人的語音語調、面部表情和文字描述來更準確地判斷病情的嚴重性和緊急性。

又例如，一個顧客在查找特定顏色的衣服時，多模態AI代理可以自動獲取（看到）顏色和顧客的身材尺寸，然後即時分析店內的庫存資訊，並以自然語言提供回應，這不僅提升了客戶體驗，還增強了銷售效率。

2023年11月的開發者大會之後，OpenAI陸續發佈了許多多模態產品，它們主要在整合文本、圖片、影像和聲音資料，目標是創造出能夠廣泛理解和生成跨媒體內容的人工智慧系統。

OpenAI的下列產品體現了它在多模態AI技術上的領先地位：

DALL-E	這是一個革命性的AI工具，根據文本生成詳盡的圖像。
CLIP	通過觀看大量的圖片和相關的文字說明來學習如何理解圖像。同時看圖像與相關聯的文字，它能更好地理解圖像中的內容是什麼。假設你需要從網上找出所有關於「火星探測器」的圖片。你可以給CLIP看一些火星探測器的圖片和描述，它就能幫你快速準確地找到所有的火星探測器圖片，即使是它沒見過的新圖片，也能通過學習過的描述來識別。

Whisper	一個高效的語音辨識系統，能夠識別和翻譯多種語言的語音輸入。
Sora	以文本生成影片，目前還沒有開放給公眾測試。

另外還有兩個公司的新技術也令人關注。

Google的「Gemini」是一種多模態生成式AI，專門設計用於理解和生成文本、圖片和其他類型的資料。

Gemini的主要創新之一是它能夠在不同的模態之間進行有效的資訊整合，因而提高了模型對複雜查詢的理解能力和生成的相關性。例如，它可以處理同時包含文本和圖片輸入的查詢，並生成協調一致的輸出，這在以前的模型中是較難實現的。

另外，Meta（原Facebook）的Ferret也是一個先進的多模態AI系統，它設計用來同時處理和理解多種類型的資料，包括文本、圖片、影像和聲音。這種多模態方法使得Ferret在處理大量和綜合的資訊方面，邁出重要一步。

Ferret的主要創新在於它能夠整合來自不同資料來源的資訊，以更全面地理解用戶的查詢和需求。例如，它可以分析一段影像中的視覺內容與相應的音訊軌跡，以及任何相關的文本描述，從而提供更精準的內容識別和分類能力。

多模態技術還可以再加以延伸，與邊緣AI（Edge AI）相結合，更強化AI代理的功能。

2024年5月，OpenAI和Google分別推出了多模態的ChatGPT4o和Gemini 1.5，在多模態AI領域做了極大的突破，顯著提升了AI在多模態數據處理與理解上的能力。

》邊緣AI

邊緣AI（Edge AI）指的是在離資料出處（如用戶設備）更近的位置以AI進行資料處理。這樣能減少資訊傳送的延遲、提高反應速度並保護隱私，因為資料可以在本機設備處理，而無需發送到雲端。

在多模態情境中，這使得AI代理能即時處理來自多個感測器的大量數據，如即時視覺和聲音數據分析。

在這裡所有對邊緣AI的討論也適用於AIoT，也就是AI+物聯網（AI+IoT），在物聯網的元件上也可以處理AI。

我們來看一個例子。
以下是一個多模態AI系統結合邊緣AI技術在智慧城市管理中的應用：

多模態AI系統

智慧交通信號控制系統。

這個系統整合了影像圖像識別、聲音識別和地理位置資料分析。它可以即時分析交通狀況，例如透過圖像識別車輛數量和類型，通過聲學感測器檢測異常雜訊（可能是事故的指示），以及通過GPS資料分析交通流量和壅塞情況。

然後結合邊緣AI

在交通信號和監視器中嵌入邊緣AI的處理器，這個系統就可以在資料產生的地點即時處理資訊，不需要將資料回傳到中心伺服器。這可以減少回應時間，使得在緊急情況下，如交通事故或突發壅塞，交通信號可以即時因應調整，實現更高效率的交通流量管理。

透過利用多模態AI、邊緣AI（或AIoT技術），智慧交通信號控制系統能夠實現更高效率也更安全的城市交通管理，顯現這些技術結合的強大潛力和必要性。

這種應用模型在沒有邊緣AI和AIoT支援的情況下是難以實現的，因為它們提供了必需的即時處理能力和資料整合能力。

邊緣AI在資料生成的地點直接處理資料，而不是在集中式的雲端系統中處理，這已成為多家領先科技公司的主要發展領域。這些公司開發了產品和解決方案，以便在網路的「邊緣」（如智慧手機、物聯網設備等等）處利用人工智慧和機器學習。

NVIDIA在邊緣AI領域中涉獵頗深，它的產品的簡要概述如下：

Jetson 平臺	一系列小型但功能強大的模組和開發套件，專門為嵌入式應用設計，如機器人、無人機和邊緣AI。
EGX 平臺	此平臺用於在邊緣伺服器和設備上部署和管理AI的工作負載，利用NVIDIA GPU在邊緣提供高性能計算。

其他一些大公司也踏足這個市場：
Intel、Google、Qualcomm、Apple、Amazon、Microsoft。
它們都提供平臺和類似GPU的晶片。

≫ 通用人工智慧和Q-Star

這裡我們來談談「通用人工智慧」（Artificial General Intelligence, AGI）。

在OpenAI公司的官網上（www.openai.com）寫著：
"Our vision for the future of AGI：Our mission is to ensure that artificial general intelligence—AI systems that are generally smarter than humans—benefits all of humanity. "
「我們對通用人工智慧未來的願景：我們的使命是確保通用人工智慧——比人類更聰明的AI系統——惠及全人類。」

短短的幾個字有兩個重點：

* 通用人工智慧（AGI）的定義就是比人類更聰明的AI系統。

  AGI（通用人工智慧）能夠像人類一樣，在各種智力任務上表現出與人類相似或超越人類的能力，這與目前的應用型AI（如ChatGPT）有明顯差異。

* OpenAI的使命是確保AGI惠及全人類。

  一開始提出AGI的時候，很多人認為是不可能的。但是隨著時間過去和技術發展，慢慢的大家開始相信它是會發生的。我們看看下面這些事件。

1 OpenAI宮鬥

2023年11月發生了一起震驚科技界的事件，現在回頭看，這可能是一件足以改寫人類歷史的大事。

2023年11月17號，星期五，OpenAI董事會以一封電子郵件解聘了首席執行官奧特曼（Sam Altman）。

董事會決定解聘的原因沒有公開，外界猜測可能是因為奧特曼對董事會隱瞞了AGI的某些發展，引起了董事會成員和內部一些核心人員的重大分歧。

奧特曼的解聘引發許多OpenAI員工的反彈，大量OpenAI員工威脅離職，他們公開支持奧特曼及其對AI倫理發展和應用的願景，微軟也在週末宣佈願意接收整個團隊，讓他們繼續在微軟內自主運作。

在這股強烈公眾支持的呼聲下，同時也擔心OpenAI項目可能被迫中斷，4天後，奧特曼被重新任命為CEO，董事會改組。

宮鬥劇都沒有這樣戲劇化。

這一事件突顯了有關AI技術的倫理開發、部署和控制的持續辯論。自許要確保通用人工智慧（AGI）惠及全人類的OpenAI，也面臨著巨大的內外部壓力。

奧特曼的被解僱和迅速重新聘用，以及董事會的重組，標誌著科技歷史上的一個關鍵時刻。

AGI的列車從可能出軌翻覆，又回到原來的軌道。

2 Q-Star值得注意

在OpenAI的那次宮廷政變之後，謠言漫天飛，最多人相信的是，奧特曼被解僱的導火線是AGI，尤其是一個叫做Q-Star的技術。

真相可能要很久之後才會被得知，我們就假設它是「Q-Star」好了，因為我正好想談談它。

什麼是Q-Star技術？
在自我學習的過程中，AI通常會透過所謂的「試誤」（trial and error）過程來學習。這意味著AI模型會在模擬環境中採取行動，根據這些行動的結果獲得「獎勵」或「懲罰」。這些獎勵或懲罰會作為反饋，幫助模型調整其行為，目標是獲得最多的總獎勵。

在這個學習過程中，Q值扮演著核心角色。Q值代表在特定狀態下採取某個行動所期望的獎勵。例如，如果AI是一個探索迷宮的機器人，Q值就會告訴它，如果從某個特定位置向左轉或向右轉，預期會得到多少獎勵。

而這個Q值不是固定不變的，工程師通常使用一種稱為「Q學習（Q-learning）」的演算法來不斷計算和更新這些Q值。這個演算法幫助AI逐步改進它對每個行動的獎勵估計，並最終找出在每種情況下應採取的最佳行動策略。這些最佳行動的「最優Q值」就叫做Q*（Q-Star）值。

有點難懂，是吧？

下面是個白話文的解釋：

「Q學習就像是AI的一種聰明的學習方法，幫助它更好地做決策和解決問題。可以把它想像成一種高效的考試準備策略：

想像你在準備考試，但不是背下所有內容，而是選擇聚焦於考古題（你已經知道可能會考的題目）或者最重要的部分，因為這些出題的機率最大，你得的分數可能會更高。這樣你複習得更快，也更有效。

同樣，Q學習讓AI通過「嘗試和記憶」在特定情境下哪些行動能帶來好的結果，從而找到解決問題的最佳方法。這不僅加快了AI的學習速度，也提高了它做決策的能力。」

你有沒有注意到這句話「嘗試和記憶」，這不就是思維樹嗎？在思維樹技術裡，AI由一個節點分支出去，然後評估結果，如果沒有結果或效果不好（獎勵很低），新的分支就會被放棄。

加上Q*值和高品質的資料讓AI能瞭解我們的世界，基本上就是Q-Star技術。

Q-Star技術＝思維樹推理＋Q*值＋高品質的數據。

這就是我在第IV部詳細解釋思維樹這些進階技術的原因，讓大家能夠接軌未來。

Q-Star技術，作為強化學習中的一個重要概念，具有廣泛的應用前景和未來發展潛力。在強化學習中，最終目標是讓AI系統能自動發現最優的行動策略以獲取最大化的獎勵。這種技術在許多領域都有重要應用，未來展望如下：

自動駕駛汽車

自動駕駛系統可以利用Q-Star技術來優化路徑規劃、交通行為預測和決策制定，提高駕駛安全性和效率。

機器人技術

在工業自動化和家用機器人領域，Q-Star技術可以幫助機器人更好地理解和適應環境，從而執行複雜的任務，如物品搬運、環境清潔和維護。

金融領域

強化學習可用於將交易策略最佳化，預測市場走勢，Q-Star技術能夠提高這些模型的效率和準確性。

健康醫療

在健康醫療領域，AI可以使用Q-Star技術讓治療計劃和醫療資源的分配達到最佳化，從而提供個別化的醫療服務。

隨著計算技術的進步和資料可用性的增加，Q-Star技術的應用範圍將持續擴大。使AI在各行各業的應用更為廣泛和深入，從而推動整個社會和經濟的發展。

3　OpenAI宣佈Sora

2023年是文本生成影像技術發展的一個重要年份。但是像Stable Video Diffusion和Pika這些工具大多只能製作出3到4秒長的短影像，最長也不超過10秒。

因此，當OpenAI推出了名為「Sora」的新產品時，立刻引起了市場的廣泛關注。Sora能夠根據你給的文字提示創造出既真實又富有想像力的場景，產生的影像最長可以達到一分鐘，同時畫質很高，完全按照使用者的指示進行。

OpenAI展示了由Sora生成的影片相當令人驚艷。

只用這個提示：「A stylish woman walks down a Tokyo street filled with warm glowing neon and animated city signage.」你就會看到下面這個1分鐘影片（抱歉，書上只能顯示照片。大家可以自己試試看）。（https://openai.com/research/video-generation-models-as-world-simulators）

OpenAI

取自OpenAI 官網

要達成這種效果，AI必須理解人類的物理世界，然後模擬物理世界中物體的運動。現今，要完全模仿現實世界的物理規律和因果關係，仍然是一個挑戰。

但與其他的以文本生成影片的AI相比，Sora的進步讓人瞠目結舌。甚至有人預測OpenAI會在7個月後達成通用人工智慧（AGI）。

但是要預測AGI到來的日期其實是個偽命題，因為從現有的AI技術向真正的AGI過渡，不是一蹴可幾，而是分成幾個階段的。

(1) AI代理階段

AI在特定領域或任務中表現出高度專業化效能，可以自動化執行簡單到中等複雜度的任務，但缺乏跨領域的通用性。

(2) 增強學習階段

AI開始在多個不同的任務和情境中學習和適應，能夠從經驗中學習，並在新的環境中應用學到的知識。

(3) 跨域通用階段

AI開始能夠處理不同領域的問題，而無需為新領域重新訓練，展現出類似人類的適應能力，可以解決從具體到抽象的問題。

(4) 自主學習與創新階段

AI不僅能學習新技能和知識，還能提出新的想法和解決方案，能夠在沒有人類的指導情況下發展和進步。

(5) 超越人類階段

最終階段的AGI將在智力和認知能力上超越人類的表現，包括解決複雜問題、創造新知識、理解和創造藝術等能力。

我們不知道OpenAI內部AGI的發展是到哪一步。我猜，大概至少是在(1)和(2)的階段了。

有人認為，OpenAI大概是在謹慎地逐步釋出AGI，讓社會漸進式的適應其影響。

AGI什麼時候會實現？
其實：「小心，AGI就在你身邊」！

附 錄

≫ A.咒語列表

要知道還有哪些有用的「咒語」，我們可以直接問ChatGPT。

 You

聽說有讓你反應更有效率的"咒語",
咒語的例子如:"一步一步思考"和"回答前安靜的思考"
請把你知道的所有咒語列一個表給我。
表的最左邊為數字,中間是咒語,最右邊是解釋。
咒語請列中文及英文,解釋只需要中文。謝謝。

ChatGPT

當然可以！這些"咒語"可以理解為指令，用以優化我的處理方式和回應效率。下面是一些常見的咒語以及其解釋：

數字	咒語（中文及英文）	解釋
1	一步一步思考 / Step by step	逐步分解問題，細致回答各個部分。
2	回答前安靜的思考 / Quiet contemplation before answering	在回答之前深思熟慮，以確保答案的深度和準確性。
3	別急於回答 / Do not rush to answer	給予自己足夠的時間來考慮問題，避免急躁地給出不成熟的回答。
4	詳細解釋 / Explain in detail	提供詳細的背景和解釋，使回答更加全面和易於理解。
5	保持客觀 / Maintain objectivity	在回答問題時保持中立和客觀，避免個人偏見影響資訊的準確性。
6	使用例子 / Use examples	通過具體例子來說明問題，使解釋更具體化和易於理解。
7	從根本上分析 / Analyze fundamentally	從基本原理和根本因素入手分析問題，深入探討其核心。

8	提供來源 / Provide sources	給出回答時附上可靠來源,以增加回答的可信度和參考價值。
9	澄清問題 / Clarify the question	在回答前確認和澄清問題的細節,避免誤解。
10	考慮對象 / Consider the audience	根據問題的提問者來調整語言和解釋的深度,以便更好的交流。
11	探討可能性 / Explore possibilities	不只是提供一種可能的答案,而是探討多種可能的解釋或結果。
12	優化結構 / Optimize structure	組織回答的結構,使信息清晰、邏輯性強。
13	尊重多元 / Respect diversity	在回答中考慮到不同文化和觀點的多樣性。
14	細節驗證 / Verify details	檢查並確認提供的細節和數據的準確性。
15	展開討論 / Encourage discussion	鼓勵進一步的提問和討論,深入探討問題。
16	注意細節 / Pay attention to details	在處理問題時關注細節,以免遺漏重要信息。
17	保持簡潔 / Keep it concise	盡可能精練回答,避免不必要的冗長。
18	引用經典 / Cite classics	引用經典或權威的作品來支持答案,增加論證的權威性。
19	明確邊界 / Define boundaries	明確回答的範圍和限制,避免超出問題所要求的討論範圍。
20	鼓勵創新 / Encourage innovation	在回答問題時提倡創新思維,提供新的觀點或解決方案。

圖 A1. 特殊咒語列表

》 B.輸出格式（Output Format）

以下整理輸出格式的提示：

1. 請列出世界前5大城市的中文和英文名稱，及其人口數，以列點（Bullet Point）表示。

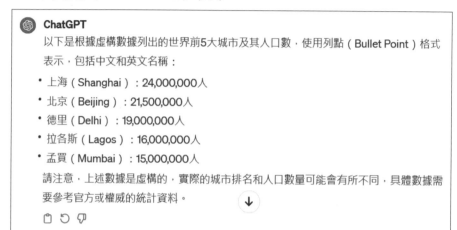

圖 B1. 列點（Bullet Point） 格式

（因為寫作當時ChatGPT還不能上網搜尋，所以用了虛構的人口數。）

2. 請以表格格式提供2020和2021 NBA冠軍球隊的資訊，內容包括獲勝者隊名、對手隊名、日期和比賽地點。

圖 B2. 表格格式

3. 請以記分卡（Scorecard）格式提供2020和2021 NBA冠軍球隊的資訊，內容包括獲勝隊名、對手隊名、獲勝日期和分數。

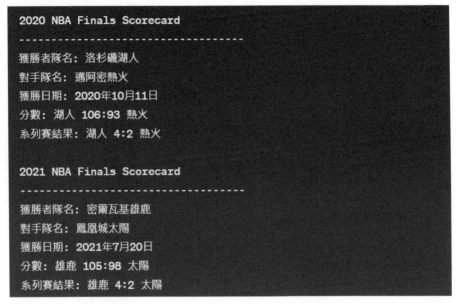

```
2020 NBA Finals Scorecard
-----------------------------------
獲勝者隊名: 洛杉磯湖人
對手隊名: 邁阿密熱火
獲勝日期: 2020年10月11日
分數: 湖人 106:93 熱火
系列賽結果: 湖人 4:2 熱火

2021 NBA Finals Scorecard
-----------------------------------
獲勝者隊名: 密爾瓦基雄鹿
對手隊名: 鳳凰城太陽
獲勝日期: 2021年7月20日
分數: 雄鹿 105:98 太陽
系列賽結果: 雄鹿 4:2 太陽
```

圖 B3. Scorecard格式

4. 請以CSV格式提供2020和2021 NBA冠軍球隊的資訊，內容包括獲勝隊名、對手隊名、獲勝日期和分數。

圖 B4. CSV格式

5. 請將美國過去24個月的利率畫成長條圖。

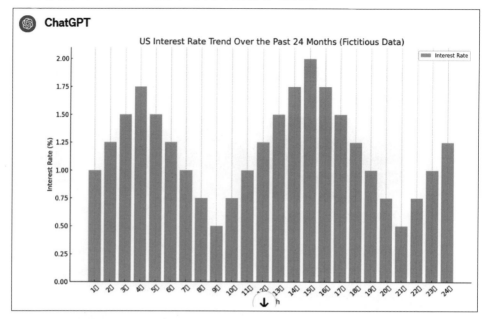

圖 B5. 長條圖格式

6. 請將美國過去24個月的利率畫成折線圖。

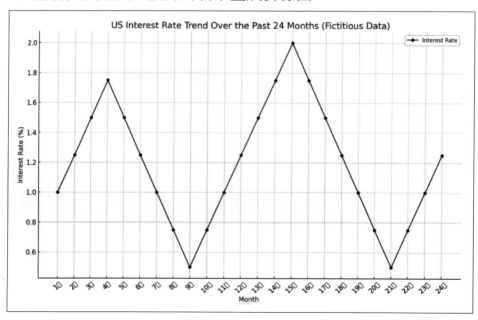

圖 B6. 折線圖格式

7. 請寫新年祝賀七言詩，每七字一行，用HTML格式表示。

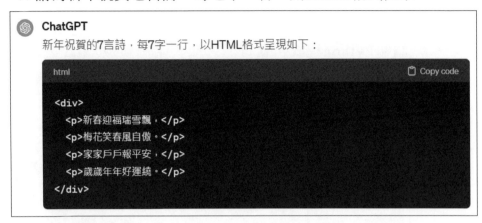

ChatGPT

新年祝賀的7言詩，每7字一行，以HTML格式呈現如下：

```html
<div>
    <p>新春迎福瑞雪飄，</p>
    <p>梅花笑春風自傲．</p>
    <p>家家戶戶報平安，</p>
    <p>歲歲年年好運繞．</p>
</div>
```

圖 B7. HTML程式

8. 請以JSON格式提供2020和2021 NBA冠軍球隊的資訊，內容包括獲勝隊名、對手隊名、獲勝日期，分數和系列賽結果。

```json
[
    {
        "年份": "2020",
        "冠軍隊名": "洛杉磯湖人",
        "對手隊名": "邁阿密熱火",
        "獲勝日期": "2020年10月11日",
        "分數": "湖人 106:93 熱火",
        "系列賽結果": "湖人 4:2 熱火"
    },
    {
        "年份": "2021",
        "冠軍隊名": "密爾瓦基雄鹿",
        "對手隊名": "鳳凰城太陽",
        "獲勝日期": "2021年7月20日",
        "分數": "雄鹿 105:98 太陽",
        "系列賽結果": "雄鹿 4:2 太陽"
    }
]
```

圖 B8. JSON格式

9. 請寫Python程式，執行：「輸入兩個整數X和Y，計算並回傳X的Y次方計算結果」。

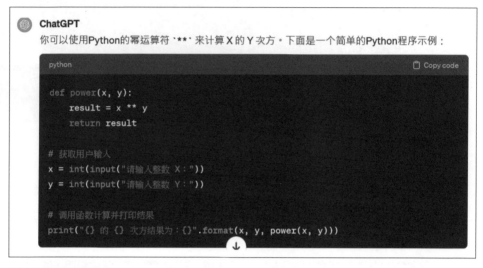

圖 B9. Python程式

10. 請提供一個非常簡單的Markdown主要功能概覽。只要包括標題和列表。請將回應格式化為Markdown。

圖 B10-1. Markdown格式

列表

無序列表

無序列表可以使用`*`、`-`或`+`來創建。

```markdown
                                                    Copy code

 - 項目一
 - 項目二
 - 項目三
```

圖 B10-2. Markdown 格式

》C.情感風格的種類

1 Attitude態度

- 可親近的 / 不帶情感的（Approachable / Unemotional）
- 幽默的 / 冷靜的（Comedic / Sober）
- 對話式的 / 嚴肅的（Conversational / Serious）
- 花言巧語的 / 簡潔的（Flowery / Concise）
- 好笑的 / 穩重的（Funny / Witty）
- 鼓舞人心的 / 平凡的（Inspirational / Mundane）
- 嚴肅的 / 輕鬆的（Serious / Lighthearted）
- 真誠的 / 諷刺的（Sincere / Sarcastic）
- 異想天開的 / 實際的（Whimsical / Practical）

2 Communication Style溝通風格

- 適應性強的 / 固執的（Adaptable / Rigid）
- 自信的 / 保守的（Confident / Reserved）
- 一貫的 / 自發的 （Consistent / Spontaneous）
- 直接的 / 間接的（Direct / Indirect）
- 吸引人的 / 漠不關心的（Engaging / Detached）
- 富有同理心的 / 冷漠的（Empathetic / Aloof）
- 好奇的 / 懷疑的（Inquisitive / Skeptical）
- 有說服力的 / 中立的（Persuasive / Neutral）
- 尊重的 / 具有挑戰性的（Respectful / Challenging）
- 通情達理的 / 不讓步的（Understanding / Unyielding）

3 Register語域/用語/口吻/表達方式/語氣

- 舒適的 / 正式化的（Comfortable / Formalized）
- 正式的 / 非正式的（Formal / Informal）
- 專業的 / 隨意的（Professional / Casual）

4 Tone語氣

- 鼓勵的 / 批判的（Encouraging / Critical）
- 友好的 / 積極的（Friendly / Assertive）
- 謙虛的 / 熱情的（Humble / Passionate）
- 樂觀的 / 悲觀的（Optimistic / Pessimistic）
- 尊重的 / 輕鬆的（Respectful / Playful）
- 支持的 / 有害的（Supportive / Detrimental）

國家圖書館出版品預行編目(CIP)資料

ChatGPT實用提示兵法 / 黃照寰作. -- 第一版. --
新北市 : 商鼎數位出版有限公司, 2024.08
　　面；　公分
ISBN 978-986-144-281-5(平裝)

1.CST: 人工智慧 2.CST: 自然語言處理

312.835　　　　　　　　　　　　　113011649

ChatGPT
實用提示兵法

作　者　黃照寰 博士

發 行 人　王秋鴻
出 版 者　商鼎數位出版有限公司
　　　　　地址：235 新北市中和區中山路三段136巷10弄17號
　　　　　電話：(02)2228-9070　傳真：(02)2228-9076
　　　　　網路客服信箱：scbkservice@gmail.com

編 輯 經 理　甯開遠
執 行 編 輯　廖信凱
編 排 設 計　翁以健

商鼎官網

2024年8月20日出版　第一版／第一刷